科学第一视野
KEXUEDIYISHIYE

[权威版]

机器人

JIQIREN

中国出版集团
现代出版社

图书在版编目（CIP）数据

机器人 / 杨华编著 . — 北京：现代出版社，2013.1

（科学第一视野）

ISBN 978-7-5143-1021-4

Ⅰ.①机… Ⅱ.①杨… Ⅲ.①机器人 – 青年读物②机器人 – 少年读物 Ⅳ.① TP242-49

中国版本图书馆 CIP 数据核字 (2012) 第 293073 号

机器人

编　　著	杨　华
责任编辑	刘春荣
出版发行	现代出版社
地　　址	北京市安定门外安华里 504 号
邮政编码	100011
电　　话	010-64267325　010-64245264（兼传真）
网　　址	www.xdcbs.com
电子信箱	xiandai@cnpitc.com.cn
印　　刷	汇昌印刷（天津）有限公司
开　　本	710mm×1000mm　1/16
印　　张	10
版　　次	2014 年 12 月第 1 版　2021 年 3 月第 3 次印刷
书　　号	ISBN 978-7-5143-1021-4
定　　价	29.80 元

版权所有，翻印必究；未经许可，不得转载

前言

机器人是一种自动执行工作的机器装置。它既可以接受人类指挥,又可以运行预先编排的程序,也可以根据以人工智能技术制定的原则纲领行动。机器人的任务是协助或取代人类工作,常被用于生产业、建筑业或其他危险领域。

从最原始的古代机器人到现在的高级智能机器人,人类的机器人发展之路经历了几千年终于初具雏形。我国是最早机器人的诞生地之一,西周时期的能工巧匠偃师研制出了我国有记载的第一个机器人,那是一个能歌善舞的伶人。生活在春秋时代后期的木匠祖师爷鲁班,利用竹子和木料制造出一个木鸟,据说,这个木鸟能在空中飞行"三日不下",可称得上是世界第一个空中机器人。显然,古代机器人是原始的,简陋的,多半还没有什么实际功用,但也显示出了古人的智慧,同时,还从一个侧面体现出了制造机器人是人类的一个遥远梦想。

到了20世纪中后期,随着电子技术和信息技术,特别是电子计算机技术的出现和发展,机器人迎来了春天,得到了空前的重视和发展,这一时期是现代机器人发展的高峰期。提到现代机器人,就要提到美国,美国是现代机器人的诞生地,首个现代工业机器人

就诞生于美国。美国在机器人的许多领域都做出了卓越的贡献,包括设计制造和开拓应用。日本在现代机器人的研究领域占据非常重要的地位,有后来居上之势,就目前来看,起着引领现代机器人潮流的作用。

机器人在现代社会中有着十分重要的应用,家庭、医院、工业、农业,乃至航天航空都有机器人活跃的身影,随着科研的不断深入,机器人的应用领域会越来越广,发挥的作用也越来越大。

本书介绍了机器人的诞生、结构、分类、功用以及与人的关系等方面,让我们对机器人有一个全面而详细的了解,是一本可读性很强的科普书籍。

Contents
目录 >>

第一章 机器人概述

什么是机器人 2
机器人的基本结构 4
机器人的分类方式 11

第二章 机器人的神奇"器官"

聪明的大脑 14
灵巧的机器"手" 16
高科技机器"眼" 18
功能强大的电子"鼻" 19
高度灵敏的机器"耳朵" 21

第三章 机器人的发展历程

古代机器人 24
现代机器人 27

第四章 各种各样的机器人

工业机器人 34
工程机器人 43
服务机器人 48
娱乐机器人 60
医用机器人 74
军用机器人 82
空间机器人 102
水下机器人 117
智能机器人 136

第五章 人与机器人的关系

机器人"三原则" 148
机器人是人的好帮手 150
棋王与"深蓝"的交战 153

第一章
机器人概述

简单说，机器人是靠自身动力和控制能力来实现各种功能的一种机器。一般由执行机构、驱动－传动系统、控制系统和智能系统组成。从最初的功能单一的机器人到现如今的功能各异的智能机器人，经历了漫长的历程。如今，机器人已经是高科技文明的代名词，是一个国家科技文明的重要标志之一。

什么是机器人

显然,机器人不同于我们这些由生物细胞构成的"生物人"。它实际上是人类制造的一种智慧机器装置。

曾经,我们从科幻文学作品和影视传媒上获知机器人的印象:机器人的形貌和我们人类很相像,同样有胳膊有腿,头部长在最上端。它们神通广大,本领高强,似乎无所不能。事实上,这种看法失之偏颇,不完全正确。当我们走进机器人实验室或者去参观机器人展览会,就会发现绝大多数机器人根本不像我们生物人,尤其是用于工农业生产和军事上的产业机器人和军用机器人,在外形上与我们人类毫无共同之处,其构形可以说形形色色,千奇百怪。

从20世纪80年代发展起来的部分服务型机器人和娱乐型机器人,已经初步具有了人的形貌,其头部、身躯和手臂大致可以区分开来,这是一种仿人形机器人。虽然这类机器人稍具有人的形貌,但其他方面与人还有着很大的差距。研制中的"仿人形智能机器人"其形貌与人有着高度的逼真性。

图与文

国际机器人和自动化技术贸易博览会是世界上最大的机器人展览会,会上,设计者或者销售者向客户介绍新型机器人一系列独特的创新和具体应用。

让我们看一下"机器人"一词的由来。1920年,有一位名字叫卡雷尔·卡佩克的作家,他发表了《罗萨姆的万能机器人》科幻剧本,卡佩克在剧本中把捷克语"robta"写成了"robot"(robot

是奴隶的意思)。该剧本的大概内容是：机器人开始无感觉和感情，只能是按照它的主人的命令以呆板的方式，默默地从事繁重的劳动。后来，罗萨姆公司发展了，所生产的机器人具有了感情，并且得到愈来愈多的应用，这时机器人发觉人类对自己的不公，是在对自己奴役，于是愤起反抗。由于这时机器人的体能和智慧已经超过了人类，因此，人类不是它的对手，人类最终被消灭了。后来，有一对智商很高的一男一女机器人，它们相爱并且有了爱的结晶，最后，机器人进化为新的人类，于是世界又起死回生了。这个剧本所编造的故事，虽然是十分荒诞的，但是，当时却引起了人们的广泛关注，也由于此，"机器人"这个名称被人们牢牢地记住了，这就是"机器人"一词的由来。

由于机器人技术的不断发展，因此，各国对机器人的定义至今尚不统一，在日本，机器人被定义为是一种具有移动性、个体性、智能性、通用性、半机械半人性、自动性、奴隶性等7个特征的柔性机器。美国机器人协会提出并被联合国国际标准化组织采纳的机器人定义是这样的："一种可编程和多功能的，用来搬动材料、零件、工具的操作机；或者是为了执行不同任务而具有可改变和可编程动作的专门系统。"法国人给机器人下的定义是：

法国机器人

"机器人是指设计能根据传感器信息实现预先规划好的作业系统，并以此系统的使用方法作为研究对象。"1886年法国作家利尔亚当在他的小说《未来的夏娃》中将外表像人的机器起名为"安德罗丁"，它由4部分组成：

（1）生命系统（平衡、步行、发声、身体摆动、感觉、表情、调节运动等）；

3

（2）造型解质（关节能自由运动的金属覆盖体，一种盔甲）；

（3）人造肌肉（在上述盔甲上有肌肉、静脉、性别特征等人身体的基本形态）；

（4）人造皮肤（含有肤色、机理、轮廓、头发、视觉、牙齿、手爪等）。

我国科学家对机器人做出的定义："机器人是一种自动化的机器，所不同的是这种机器具有一些与人或生物相似的智能能力，如感知能力、规划能力、动作能力和协同能力，是一种具有高度灵活性的自动化机器。"另外，还有学者将其定义为："机器人是一种用计算机编制程序的自动化操作机器"，还有定义为"机器人是靠自身动力和控制能力来实现各种功能的一种机器"等。

虽然各国对机器人做出的定义的文字表述不尽相同，但其中心思想却是趋同的：

第一，机器人是由人研制出来的，是为了满足人类需要而研制的。

第二，机器人具有人（或某些动物）一些相似的功能，包括智能、技能和体能，而且在某一方面，机器人的能力要超过人类。

综合上面的论述，我们可以将机器人作出如下的描述：机器人是一种自动执行工作的智能机器装置。它既可以接受人类指挥，又可以运行预先编排的程序，也可以根据以人工智能技术制定的原则纲领行动。

机器人的基本结构

从某种角度来看，机器人是科学家仿照人类塑造而成的，目的是使机器人具有人类的某些功能、某些行为，能够胜任人类希望它们从事的工作，机器人的最高标准应为类人型智能机器人。因此，研究机器人的基本结构，可与人体的基本结构相对照来进行。

机器人的结构通常由4大部分组成，即执行机构、驱动－传动系统、控制系统和智能系统。

■ 执行机构

机器人的执行机构包括手部、腕部、腰部和基座，它与人身结构基本上相对应，其中基座相当于人的下肢。机器人的构造材料，至今仍是使用无生命的金属和非金属材料，用这些材料加工成各种机械零件和构件，其中有仿人形的"可动关节"。机器人的关节(相当于机构中的"运动副")有滑动关节、

双手灵活的医护机器人

回转关节、圆柱关节和球关节等类型，在何部位采用何种关节，则由要求它作何种运动而决定。机器人的关节，保证了机器人各部位的可动性。

机器人的手部又称末端执行机构，它是工业机器人和多数服务型机器人直接从事工作的部分，根据工作性质(机器人的类型)，其手部可以设计成夹持型的夹爪，用以夹持东西；也可以是某种工具，如焊枪、喷嘴等；也可以是非夹持类的，如真空吸盘、电磁吸盘等；在仿人形机器人中，手部可能是仿人形多指手了。

机器人的腕部相当于人的手腕，它上与臂部相连，下与手部相接，一般有三个自由度，以带动手部实现必要的姿态。机器人自由度是指机器人所具有的独立坐标轴运动的数目，表示了机器人动作灵活的尺度。机器人三自由度是指：底座水平转动、上臂弯

■ 图与文

履带式机器人所用的履带可以根据地形条件和作业要求进行适当的变形，当两条履带速度相同时，机器人实现前进或者后退；当两条履带速度不同时，机器人实现转向运动。

曲、轴弯曲。机器人可多于六个自由度，也可小于六个自由度。

机器人的臂部相当于人的胳膊，下连手腕，上接腰身（人的胳膊上接肩膀），一般由小臂和大臂组成，通常是带动腕部作平面运动。

机器人的腰部相当于人的躯干，是连接臂部和基座的回转部件，由于它的回转运动和臂部的平面运动，就可以使腕部做空间运动。

机器人的基座是整个机器人的支撑部件，它相当于人的两条腿，具备有足够的稳定性和刚度，分为固定式和移动式两种类型，在移动式的类型中，有轮式、履带式和仿人形机器人的步行式等。

■ 驱动——传动系统

机器人的驱动——传动系统是指将能源传送到执行机构的装置。其中，驱动器有电机（直流伺服电机、交流伺服电机和步进电机）、气动和液动装置（压力泵及相应控制阀、管路）；而传动机构，最常用的有谐波减速器、滚珠丝杠、链、带及齿轮等传动系统。

机器人的驱动-传动系统相当于人的消化系统和循环系统，是保证机器人运行的能量供应。

机器人驱动元件之一

机器人的能源，按其工质的性质，可分为气动、液动、电动和混合式4大类。在混合式中，有气-电混合和液-电混合。液压驱动就是利用液压泵对液体加压，使其具有高压势能，然后通过分流阀（伺服阀）推动执行机构进行动作，从而达到将液体的压力势能转换成做功的机械能。液体驱动的最大特点，就是动力比较大，力和力矩惯性比大，反应快，比较容易实现直接驱动，特别适用于要求承载能力和惯性大的场合。其缺点是多了一套液压系统，对液压元件要求高，

否则，容易造成液体渗漏。另外，噪声较大，对环境有一定的污染。气压驱动的基本原理与液压驱动相似。其优点是工质(空气)来源方便，动作迅速，结构简单，造价低廉，维修方便。其缺点是不易进行速度控制，气压不宜太高，负载能力较低等。

电动驱动是当前机器人使用最多的一种驱动方式，其特点是电源方便，响应快，信息传递、检测、处理都很方便，驱动能力较大。其缺点是因为电机转速较高，必须采用减速机构将其转速降低，从而增加了结构的复杂性。目前，一种不需要减速机构可以直接用于驱动，具有大转矩的低速电机已经出现，这种电机可使机构简化，同时可提高控制精度。

■ 控制系统

机器人的控制系统是由控制计算机及相应的控制软件和伺服控制器组成，它相当于人的神经系统，是机器人的指挥系统，对其执行机构发出如何动作的命令。

控制系统一般有两种方式。一种是集中式控制，即机器人的全部控制由一台微型计算机完成。另一种是分散（级）式控制，即采用多台微机来分担机器人的控制，如当采用上、下两级微机共同完成机器人的控制时，主机常用于负责系统的管理、通讯、运动学和动力学计算，并向下级微机发送指令信息；作为下级从机，各关节分别对应一个CPU（中央处理器，微机的心脏），进行插补运算和伺服控制处理，实现给定的运动，并向主机反馈信息。

不同发展阶段的机器人和不同功能的机器人，所采取的控制方式和控制水平是不相同的。例如，在工业机器人中，有点位控制和连续控制两种方式。最新和最为先进的控制是智能控制技术。

根据控制原理，控制系统可分为程序控制系统、适应性控制系统、人工智能控制系统；根据控制运动形式分为点位控制系统和轨迹控制系统。

■ 智能系统

所谓智能，简单来说，是指人的智慧和能力，就是人在各种复杂的条件下，为了达到某一目的，能够做出正确的决断，并且实施和成功。在机器人控制技术方面,科学家一直努力,企图将人的智能引入机器人控制系统,以形成其智能控制,达到在没有人的干预下,机器人能实现自主控制的目的,如今,这一想法部分得到实现。

机器人智能系统一般由两部分组成:感知系统和分析－决策智能系统。

感知系统主要靠具有感知不同信息的传感器构成,属于硬件部分,包括视觉、听觉、触觉以及味觉、嗅觉等传感器。在视觉方面,目前多是利用摄像机作为视觉传感器,它与计算机相结合,并采用电视技术,使机器人具有视觉功能,可以"看到"外界的景物,经过计算机对图像的处理,就可对执行机构下达如何动作的命令。这类视觉传感器在工业机器人中,多用于识别、监视和检测。

智能机器人

美国麻省理工学院(MIT)科学家布雷吉尔女士发明了一个名叫"基斯梅特"的婴儿机器人,它有一个大脑袋,身体矮小,有一双大得不成比例的蓝眼睛,两只粉红色的耳朵,一张用橡胶做成的大嘴巴,具有婴儿的视力和喜、怒、哀、乐的表情。它的眼睛是由两台微型电子感应摄像机构成的,最佳聚焦位置为0.6米,与婴儿的视力大致相同。

机器人的听觉功能就是指机器人能够接受人的语音信息,经过语音识别、语音处理、句法分析和语义分析,最后做出正确对答的能力。这就是所谓的"语音识别"。语音识别系统一般是由传声器、语音预处理器、计算机及专用软件所组成。日本本田公司于2001年4月推出了类人机器人"ASIMO",该机器人具有语音识别功能,可以与人进行简单的对话,并且能配合语言做出诸如转身、鞠躬、挥手等30多种动作。我国哈尔滨工业

大学机器人技术有限公司的最新产品——迎宾机器人,其外形与功能与人类有着很多的类似,它的手臂、头部、眼睛、嘴巴、腰部会随着优美的乐曲,做出相应的动作。此外,还具有语音功能,会唱歌、讲解、背诵唐诗、致迎宾词等。

目前机器人的语言是一种"合成语言",与人类的语言有很大的区别。其语音尚没有节奏,没有抑、扬、顿、挫。

机器人的触觉传感器多为微动开关、导电橡胶或触针等,利用这些部件对触点接触与否所形成电信号的"通"与"断",传送到控制系统,从而实现对机器人执行机构的命令。

当要求机器人不得接触某一对象而又要实施检测时,就需要机器人安装非接触式传感器,目前这类传感器有电磁涡流式、光学式和超声波式等类型。

当要求机器人的末端执行机构(如抓爪)具有适度的力量,如握力、拧紧力或压力时,就需要有力学传感器。力学传感器种类较多,常用的是电阻应变式传感器。

我们知道,人类的嗅觉是通过鼻黏膜感受气味的刺激,由嗅觉神经传递给大脑,再由大脑将信息与记忆的气味信息加以比较,从而判定气味的种类及来源。科学家研制出一种能辨别气味的电子装置,叫做"电子鼻",它包括气味传感器、气味存储器和具有识别处理有关数据的计算机。其中气味(即嗅觉)传感

这个机器人的抓爪可以抓住大球

器就相当于人类的"鼻黏膜"。但是,一种嗅觉传感器只能对一类气味进行识别,所以,必须研制出对复合气体有识别能力的"电子鼻"。据报道,美国已研制成用20支相关的传感器和计算机相连,以计算机存储的气味记

录与传感器信号加以比较判定,并可在显示器上显示。人的鼻子对气味的判定具有多重性,但因易疲劳和受病痛的影响,因此不十分可靠,而电子鼻胜过人类的嗅觉。

机器人的分析—决策智能系统,主要是靠计算机专用或通用软件来完成,例如专家咨询系统。

目前,一些发达国家都在加紧新一代机器人的研制工作。例如,日本住友公司研制出具有视觉、听觉、触觉、味觉和嗅觉5种感知功能的机器人,它内部装置了

■ 图与文

电子鼻是利用气体传感器阵列的响应图案来识别气味的电子系统,它可以在几小时、几天甚至数月的时间内连续地、实时地监测特定位置的气味状况。电子鼻主要由气味取样操作器、气体传感器阵列和信号处理系统三种功能器件组成。

14种微处理器,有很强的记忆功能,一次接触就可以记住你的声音和面貌。再如,美国斯坦福大学研制成功的保卫机器人——"罗伯特警长",当它发现窃贼时,会立即发出报警信号,并且穷追不舍,一旦抓住了窃贼,它就立即向窃贼脸上喷出麻醉气体,使之昏迷。

从上面的介绍中,我们可以看出,与人类相比,目前的机器人还不具备呼吸系统、生殖系统等,也没有人类的皮肤和肌肉。功能与结构是相对应的,没有这些结构就预示着还没有这方面的功能,随着研究的发展和完善,机器人的结构也会随之有所变化,说不定哪一天真的会出现与人类结构高度相似的机器人,相似到让你我分不清哪个是机器人,哪个是生物人。

机器人的分类方式

机器人形形色色，各种各样，功能各异，因此，机器人的分类也不是多种多样，缺乏统一的标准，有的按负载重量分，有的按控制方式分，有的按自由度分，有的按结构分，有的按应用领域分。一般的分类方式如下表：

分　类	简　述
程控型机器人	按预先要求的顺序及条件，依次控制机器人的机械动作。
操作型机器人	能自动控制，可重复编程，多功能，有几个自由度，可固定或运动，用于相关自动化系统中。
数控型机器人	不必使机器人动作，通过数值、语言等对机器人进行示教，机器人根据示教后的信息进行作业。
示教再现型机器人	通过引导或其他方式，先教会机器人动作，输入工作程序，机器人则自动重复进行作业。
感觉控制型机器人	利用传感器获取的信息控制机器人的动作。
适应控制型机器人	机器人能适应环境的变化，控制其自身的行动。
学习控制型机器人	机器人能"体会"工作的经验，具有一定的学习功能，并将所"学"的经验用于工作中。
智能机器人	以人工智能决定其行动的机器人。

我国机器人专家从应用环境出发，将机器人分为两大类，一类是工业机器人，另一类是特种机器人。所谓工业机器人就是面向工业领域的多关

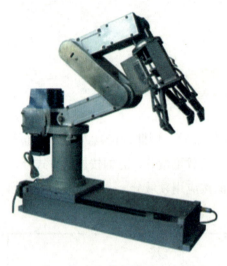

多自由度机器人

节机械手或多自由度机器人。而特种机器人则是除工业机器人之外的、用于非制造业并服务于人类的各种先进机器人，包括：服务机器人、水下机器人、娱乐机器人、军用机器人、农业机器人、机器人化机器等。在特种机器人中，有些分支发展很快，有独立成体系的趋势，如服务机器人、水下机器人、军用机器人、微操作机器人等。目前，国际上的机器人学者，从应用环境出发将机器人也分为两类：制造环境下的工业机器人和非制造环境下的服务与仿人型机器人，这和我国的分类大体上是一致的。

第二章
机器人的神奇"器官"

机器人既然有"人"的称呼,就要有"人"的基本形貌,有大脑,有手脚,有眼睛,有鼻子,有耳朵,这也是高级机器人应具有的"身体要素"。同生物人一样,机器人的这些"器官",并不是摆设,而是有着神奇的功用。机器人的大脑是机器人一切行动的指挥者,是"思想"的诞生地。至于机器人其他的"器官",则各有各的神奇功用,机器人正是依靠这些神奇的"器官",才完成了一个又一个奇迹。

聪明的大脑

人之所以被称为万物之灵,主要就是因为拥有一个聪明的大脑。语言控制能力、识别行为及高级思维等等,都是通过大脑这一特殊器官而完成的。在这些过程中,大脑所起的作用是:将眼、耳、鼻、皮肤等感觉器官收集到的信息进行变换、加工、比较、识别、分析、判断并做出决定、输出信号等一系列极其复杂的工作。通过大脑处理加工后的信息而作出的相应行为,称其为"智能性反馈"。

那么,机器人的大脑又是什么样的呢?

机器人的"大脑"的"进化"就像生物从植物、低等动物进化发展为有脑的高等生物一样,也是经历了一个从简单到复杂的过程。

机器人的大脑实际上是一个精密的控制系统。机器人的每一个行动都由控制系统来支配。最初的控制系统是由一些程序电路组成,主要元件是插销板、凸轮、磁带及穿孔带和卡片等。这种控制方式可以比喻成,其"头脑"的智商比较低,机器人自己不会"见机行事"。它主要用于点位式控制的机器人。点位式控制是指机器人的手臂移动是从一个点位移到另一个点位,它追求的结果是最终位置的准确性,并能在最终位置上保持,而并不重视两点之间的路径。一般说来,大致是按直线移动。采用这种程序控制的机器人动作必须预先编排并已存贮在电路内。对用于在生产线上料、下料或作简单搬运动作的机器人,仅此"大脑"已足够用,

汽车装配线上的装配机器人

因为对这些机器人只是要求它们做一些固定操作,能准确地在规定位置上抓取和放置物件就行。

当机器人的动作比较复杂时,比如说用于喷漆、电镀、切割、装配(视频)等工作的机器人,它们的动作可不是两点式了,需要连续轨迹式的控制,即机器人的手臂运动设定点是无限的,为此,对控制系统的要求就更高。相对点位式而言,连续轨迹式对存贮器的要求也高,因而,必须采用有"聪明大脑"之称的计算机了。

随着计算机技术,尤其是微电子技术及其器件的发展,使得微型计算机的应用得到普及,并在机器人控制技术中占了重要的地位,当前比较高级的机器人均采用计算机控制。例如,日本电器公司制造的超精密装配机器人,它的手能抓住2 000克重的物品,并以不到0.08毫米的误差停在所规定的位置上,因此,它所装配的集成电路和电子部件的印刷板,以及其他电子产品精度达微米级,是一般人工装配也难以达到的。

微型计算机的问世,尤其是微电子技术的日新月异的发展,使得机器人如虎添翼,元器件的集成度提高,不但能实现机器人控制装置的小型化,而且大大提高了可靠性和促使了成本的降低,并使得机器人的功能更加完善。

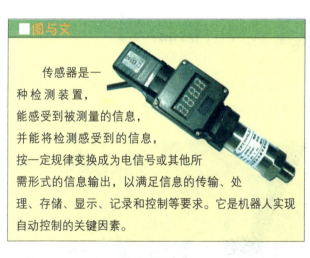

■图与文

传感器是一种检测装置,能感受到被测量的信息,并能将检测感受到的信息,按一定规律变换成为电信号或其他所需形式的信息输出,以满足信息的传输、处理、存储、显示、记录和控制等要求。它是机器人实现自动控制的关键因素。

微型计算机在机器人中担负着如同人的大脑那样的功能,机器人的一切行为均通过程序来执行,可以这样说:现代高性能的机器人必须依赖于微型计算机。从工业机器人到各类福利机器人,以及宇宙、海洋探险机器人、智能机器人等的控制系统,无一能离开微型计算机。它具有计算和处理各类数据与信息的能力,并能迅速地实时处理外来信号和控制相应设备。

尽管计算机的出现使机器人获得了一个比从前更聪明的头脑,各类传感器件的问世令机器人耳更聪,目更明,手脚更灵活。然而,只赋予以固定工作顺序编写的程序工作的机器人只能刻板地执行任务,即使给机器人安上外部传感器,使之能依靠从传感器所获得的外界环境信息而有助于执行过程的控制,但也只是属于简单的反馈控制。

几千年来,人类梦寐以求的是能够设计制造出像自己一样具有高智慧的机器人,希望它们能够帮助自己工作,给生活带来便利,成为生产、生活以及科研探索等领域必不可少的一部分,所以,在制造出拥有人脑的智能机器人这一想法的鼓舞下,研究人员刻苦攻关,希望有朝一日,实现这个梦想。

灵巧的机器"手"

机器人具备动物的一部分行为特征,可以完成动物的一部分功能。机器人的大脑就是我们所熟悉的电脑。但是光有电脑发号施令还不行,它还需要基本的外界信息,这些外界信息的获得需要机器人的感觉器官去完成。机器人的感觉器官有手、眼、鼻子、耳朵等。

机器人的"手"不仅是一个执行命令的机构,还具有识别的功能,这就是我们通常所说的"触觉"。由于动物和人的听觉器官和视觉器官并不能感受所有的自然信息,所以触

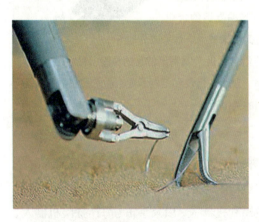

机器人的巧"手"

觉器官就得以存在和发展。动物对物体的软、硬、冷、热等的感觉就是靠的触觉器官。在黑暗中看不清物体的时候，往往要用手去摸一下，才能弄清楚。大脑要控制手、脚去完成指定的任务，也需要由手和脚的触觉所获得的信息反馈到大脑里，以调节动作，使动作适当。机器人的手脚也要具备同样的功用。

机器人的手一般由方形的手掌和节状的手指组成。为了使它具有触觉，在手掌和手指上都装有带有弹性触点的触敏元件（如灵敏的弹簧测力计）。如果要感知冷暖，还要装上热敏元件。当触及物体时，触敏

■图与文

机器人的手是机器人最主要的执行机构，是机器人实现意图的最主要工具，高级机器人的手不但可以执行指挥系统发出的命令，而且还具有触觉功能。这一点，对机器人十分重要。

元件发出接触信号。在各指节的连接轴上装有精巧的电位器（一种利用转动来改变电路的电阻输出电流信号的元件），它能把手指的弯曲角度转换成"外形弯曲信息"。把外形弯曲信息和各指节产生的"接触信息"一起送入电子计算机，通过计算就能迅速判断机械手所抓的物体的形状和大小。

现在，机器人的手已经具有了灵巧的指、腕、肘和肩胛关节，能灵活自如的伸缩摆动，手腕也会转动弯曲。通过手指上的传感器还能感觉出抓握的东西的重量，可以说已经具备了人手的许多功能。

在实际情况中有许多时候并不一定需要这样复杂的多节人工指，而只需要能从各种不同的角度触及并搬动物体的钳形指。1966年，美国海军就是用装有钳形人工指的机器人"科沃"把因飞机失事掉入西班牙近海的一颗氢弹从750米深的海底捞上来。1967年，美国飞船"探测者三号"就把一台遥控操作的机器人送上月球。它在地球上的人的控制下，可以在2平

方米左右的范围里挖掘月球表面 40 厘米深处的土壤样品，并且放在规定的位置，还能对样品进行初步分析，如确定土壤的硬度、重量等。它为"阿波罗"载人飞船登月当了开路先锋。这台遥控机器人的手指也是钳形指。

高科技机器"眼"

眼睛是外界信息获取的重要窗口之一，研究表明人有 80% 以上的信息是靠视觉获取的，想象一下，如果机器人的"眼睛"也具备人眼这样的功能，那该多好，实际上，机器人还真有这样的眼睛，它也能够识文断字，看图片，识别物体，还可以"识别"抽象的物体，如气候等。根据机器人识别物体的特征，把机器人识别的理论、方法和技术，称为模式识别。

首先说说机器人识字。举个例子，大家知道，信件投入邮筒需经过邮局工人分拣后才能发往各地。一人一天只能分拣两三千封信，现在采用机器分拣，可以提高效率十多倍。机器认字的原理与人认字的过程大体相似。先对输入的邮政编码进行分析，并抽取特征，若输入的是个 6 字，其特征是底下有个圈，左上部有一直道或带拐弯。其次是对比，即把这些特征与机器里原先规定的 0 到 9 这十个符号的特征进行比较，与哪个数字的特征最相似，就是哪个数字。这一类型的识别，实质上叫分类，在模式识别理论中，这种方法叫做统计识别法。

机器人认字的研究成果除了用于

日本发明的识字机器人

邮政系统外，还可用于手写程序直接输入、政府办公自动化、银行会计、统计、自动排版等方面。

现有的机床加工零件完全靠操作者看图纸来完成，能否让机器人来识别图纸呢？这就是机器识图问题。机器识图的方法除了上述的统计方法外，还有语言法，它是基于人认识过程中视觉和语言的联系而建立的。把图像分解成一些直线、斜线、折线、点、弧等基本元素，研究它们是按照怎样的规则构成图像的，即从结构入手，检查待识别图像是属于哪一类"句型"，是否符合事先规定的句法。按这个原则，若句法正确就能识别出来。

机器识图具有广泛的应用领域，在现代的工业、农业、国防、科学实验和医疗中，涉及到大量的图像处理与识别问题。其中绝大部分可以利用机器识别处理。

在机器识别物体方面，机器识别物体依靠的是三维识别系统。一般是以电视摄像机作为信息输入系统。根据人识别景物主要靠明暗信息、颜色信息、距离信息等原理，机器识别物体的系统也是输入这三种信息，只是其方法有所不同罢了。由于电视摄像机所拍摄的方向不同，可得到各种图形，如识别立方体，可抽取出棱数、顶点数、平行线组数等立方体的共同特征，参照事先存储在计算机中的物体特征表，便可以识别立方体了。

目前，机器可以识别简单形状的物体。对于曲面物体等复杂形状的物体识别及室外景物识别等研究工作，正在进行中。

虽然，机器识别方面的技术还不够成熟，但就目前所取得的成就，可以将机器物体识别应用于工业产品外观检查，工件的分选和装配等方面。事实上，这方面的应用正普及开来。

功能强大的电子"鼻"

在我们人类的生活中，不断地接受各种信息，其中 80% 以上的信息来自视觉,其次来自听觉,嗅觉所占比例极小,以致于常被人们忽视,但其实嗅觉在维持人类正常的生命活动中是非常重要的。人的嗅觉是天生的,人之所以能嗅出周围物体的气味,是靠人的上鼻道黏膜实现的。在人体鼻子的这个区域,在只有5平方厘米的面积上却分布有500万个嗅觉细胞。

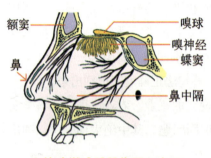

人的嗅觉感受器位置示意图

嗅觉是由气体物质刺激嗅觉感受器所引起的。嗅觉感受器位于鼻腔上方,即上鼻甲及其相对的鼻中隔部分,是呈淡黄色的嗅上皮。该上皮为假复层柱状上皮。组成的细胞有支持细胞、嗅细胞和基细胞三种。其中嗅细胞为特化的双极感觉神经元,主要执行嗅觉功能。

细胞呈梭状,在伸向上皮表面的顶端有 5~6 条长约 150 微米的嗅纤毛,又称嗅毛。嗅毛是静止的,能感受有气味的化学物质的刺激。另一端轴突很长,为神经膜细胞包绕,形成无髓鞘的神经纤维,穿过筛上的小孔进入嗅球,与嗅球内的第二级神经元形成突触联系。第二级神经元的轴突与大脑的梨状区皮层、杏仁核等部位联系。当嗅觉感受器受到悬浮在空气中的微粒或溶于水和脂质中的物质刺激时,嗅觉感受器兴奋,产生神经冲动沿传入纤维到达嗅觉中枢,引起嗅觉。这就是嗅觉产生的简单过程。

机器人的鼻子也就是用气体自动分析仪做成的。我国已经研制成功了一种嗅敏仪,这种气体分析仪不仅能嗅出丙酮、氯仿等四十多种气体,还能够嗅出人闻不出来但是却可以导致人死亡的一氧化碳(也就是我们通常所说的煤气)。这种嗅敏仪有一个由二氧化锡、氯化钯等物质烧结而成的探头(相当于鼻黏膜)。当它遇到某些种类气体的时候,它的电阻就发生变化,这样就可以通过电子线路做出相应的显示,用光或者用声音报警。同时,用这种嗅敏仪还可以查出埋在地下的管道漏气的位置。

目前利用各种原理制成的气体自动分析仪已经有很多种类,广泛应用于检测毒气,分析宇宙飞船座舱里的气体成分,监察环境等方面。

由于这些气体分析仪,其原理和显示都和电现象有关,由此人们把它叫做电子鼻。电子鼻和电子计算机组合起来,就成了机器人的嗅觉系统了。

高度灵敏的机器"耳朵"

对于人类来讲,听觉是仅次于视觉的外界信息获取渠道。声波扣击耳膜,引起听觉神经的冲动,冲动传给大脑的听觉区,因而引起人的听觉。机器人的耳朵通常是用"微音器"或录音机来做的。被送到太空去的遥控机器人,它的耳朵本身就是一架无线电接收机。

人类的耳朵是十分灵敏的,即使很微弱、很微弱的声音,它对耳膜的压强是每平方厘米只有一百亿分之几千克(这个压强的大小只是大气压强的一百亿分之几),有时也能够被人的耳朵捕获。可是用一种叫做钛酸钡的压电材料做成的"耳朵"比人的耳朵更为灵敏,即使是火柴棍那样细小的东西反射回来的声波也能被它"听"得清清楚楚。如果用这样的耳朵来监听粮库,那么在二到三千克的粮食里的一条小虫爬动的声音也能被它准确地"听"出来。你说厉害不厉害!

为什么用压电材料做成的"耳朵"有这样超强的听力,其原因就是压电材料在受到拉力或者压力作用的时候能产生电压,这种电压能使电路发生变化。这种特性就叫做压电效应。当它在声波的作用下不断被拉伸或压缩的时候,就产生了随声音信号变化而变化的电流,这种电流经过放大器放大后送入电子计算机(相当于人大脑的听区)进行处理,机器人就能听到声音了。

听到声音只是做到了第一步,更重要的是要能识别不同的声音。目前人们已经研制成功了能识别连续话音的装置,它能够以99%的比率,识别不是特别指定的人所发出的声音,这项技术就使得电子计算机能开始"听话"了。这将大大降低对电子计算机操作人员的特殊要求。操作人员可以用嘴直接向电子计算机发布指令，而不像以前在下达指令时，手和眼睛忙个不停，而嘴巴和耳朵却闲着无事的状况。现在，一个人可以用声音同时控制四面八方的机器，还可以对楼上楼下的机器同时发出指令，而且并不需要照明，这样就很适宜于在夜间或地下工作。这项技术也大大加速了电话的自动回答，车票的预定以及资料查找等服务工作的自动化实现的进程。

更为先进的机器人的"耳朵"正在研制中，研究中的机器"耳朵"不但可以辨别声音的出处，而且还可以通过声音来鉴别人的心理状态，"知晓"说话人的喜怒哀乐等心理，再综合做出决定。

第三章
机器人的发展历程

虽然,对于机器人,大多数人会认为是现代社会的产物,但实际上,它早在古代就已经诞生了,虽然,还很原始,还很简陋。机器人是在社会发展到了20世纪中期才有了突飞猛进的进展,这得益于计算机和现代信息化的发展和应用。美国作为现代机器人的诞生地,为现代机器人的诞生做出了不可磨灭的贡献,日本现代科技发达,后来居上,在机器人的领域做出了有目共睹的成绩。

古代机器人

虽然机器人耳熟能详是近几十年的事情,但人类制造机器人的梦想却由来已久,就我国来说,这类的传说就十分多。早在西周时期（公元前1066~前771),我国有一名叫偃师的能工巧匠,他研制出了我国有记载的第一个机器人,那是一个能歌善舞的伶人（演员的意思)。春秋时代（公元前770~前467)后期,被称为木匠祖师爷的鲁班,利用竹子和木料制造出一个木鸟,据说,它能在空中飞行"三日不下",这件事在古书《墨经》中有所记载,这可称得上世界第一个空中机器人。相传,西汉时期,汉武帝在平城被匈奴单于冒顿围困。汉军陈平得知冒顿妻子阏氏所统的兵将,是国中最为精锐剽悍的队伍,但阏氏具有妒忌别人的性格。于是陈平就命令工匠制作了一个精巧的木机器人。给木机器人穿上漂亮的衣服,打扮得花枝招展,并把它的脸上擦上彩涂上胭脂,显得更加俊俏。然后把它放在女墙（城墙上的短墙）上,发动机关,这个机器人就婀娜起舞,舞姿优美,招人喜爱。阏氏在城外对此情景看得十分真切,误把这个会跳舞的机器人为真的人间美女,怕破城以后冒顿专宠这个中原美姬而冷落自己,因此阏氏就率领她的部队弃城而去了。平城这才化险为夷。

候风地动仪复制品

东汉时期（公元25~220年),我国大科学家张衡不仅发明了震惊世界的"候风地动仪",还发明了测量路程用的"计里鼓车",车上装有木

人、鼓和钟，每走1里，击鼓1次，每走10里击钟1次，奇妙无比。三国时期的蜀汉（公元221～263年），丞相诸葛亮既是一位军事家，又是一位发明家。他成功地创造出"木牛流马"，可以运送军用物资，可称为最早的陆地军用机器人。

相传，蜀相诸葛亮设计制造的木牛流马可以不吃不喝，却能驮运粮食行走自由。敌国魏兵十分好奇，夺得木牛流马后也仿制了许多，用来驮粮食。结果被蜀兵截住，把嘴内的机关一扳，木牛流马个个不能走动，魏兵因此损失掉很多粮食。

相传，在诸葛亮造出木牛流马200年后，南北朝时期的科技天才祖冲之根据传说造出了木牛流马。

宋朝有个叫卢道隆的人，也制造过记里鼓车。他制造的记里鼓车有两个车轮，还有一个由6个齿轮组成的系统。车轮转动时，齿轮系统就随之运动。车轮向前转动100圈即前行600米，为当时的1里路，这时车上中平轮刚好转1周，轮上有一个凸轮作拨子，拨动车上木人手臂，使木人击鼓1次。车上还有上平轮，中平轮转10周，上平轮转1周。上平轮转1周则拨动木人，击钟1次，使人知道已行路10里。记里鼓车和现代汽车上的计程器作用一样，它是古代利用齿轮传动来记载距离的自动装置。

唐代的机器人更为精巧神奇，《朝野佥载》记载：洛州的殷文亮曾经当过县令，性格聪巧，喜好饮酒。他刻制了一个木机器人并且给它穿上用绫罗绸缎做成的衣服，让这个机器人当女招待。这个"女招待"酌酒行觞，彬彬有礼，其形貌简直可以以假乱真。相传唐朝时，我国杭州有一个叫杨务廉的工匠，研制了一个僧人模样的机器人，它手端化缘铜钵，能学和尚化缘，等到钵中钱满，就自动收起钱。并且它还会向施主躬身行礼。杭州城中市民争着向此钵中投钱，来观看这种奇妙的表演。每日它竟能为主人捞到数千钱，真可称为别出心裁，生财有道。唐代的机器人还用于生产实践。唐朝的柳州史王据，研制了一个类似水獭的机器人。它能沉在河湖的水中，捉到鱼以后，它的脑袋就露出水面。它为什么能捉鱼呢？如果在这个机器人的口中放上鱼饵，并安有发动的部件，用石头缒着它就能沉入水中了。当鱼吃了鱼饵之后，这个部件就发动了，石头就从它的口中掉到水中，当它的口合起来时，它衔在口中的鱼就跑不了啦，它就从水中浮到水面。这是世界上最早用于生产的机器人。

■ 图与文

《宋史·舆服志》对记里鼓车的外形构造有较详细的记述："记里鼓车一名大章车。赤质，四面画花鸟，重台匀栏镂拱。行一里则上层木人击鼓，十里则次层木人击镯。一辕，凤首，驾四马。驾士旧十八人。太宗雍熙四年（公元987年）增为三十人。"

在国外，也有一些国家较早进行机器人的研制。公元前2世纪，古希腊人发明一个机器人，它是用水、空气和蒸汽压力作为动力，能够动作，会自己开门，可以借助蒸汽唱歌。1662年，日本人竹田近江利用钟表技术发明了能进行表演的自动机器玩偶，后来别人又对该玩偶进行了改进，制造出了端茶玩偶，该玩偶双手端着茶盘，当将茶杯放到茶盘上后，它就会走向客人将茶送上，客人取茶杯时，它会自动停止走动，待客人喝完茶将茶杯放回茶盘之后，它就会转回原来的地方，可谓灵巧之极。法国的天才技师杰克·戴·瓦克逊于1738年发明了一只机器鸭，它会游泳、喝水、吃东西和排泄，还会嘎嘎叫。在18世纪所制造的自动玩偶中，最为杰出的当数瑞士的钟表匠杰克·道罗斯和他的儿子利·路易·道罗斯所制造的。1773年，他们相继制造出自动书写玩偶、自动弹奏玩偶等。这些玩偶有的拿着画笔和颜料绘画，有的拿着鹅毛笔蘸墨水写字。它们是利用齿轮和发条传动的原理制造而成的，这些玩偶身高约1米，结构巧妙，服饰华丽，当时在欧洲十分受欢迎。现在在瑞士努萨蒂尔历史博物馆保留着一个少女玩偶，制作于约200年前，是保留下来的最早的机器人，它的10个手指可以按动风琴的琴键，定时奏

出动听的音乐。

在北京故宫博物院"珍宝馆"内,陈列着许多当年由外国向清朝皇帝进贡的精美绝伦、价值连城的珍品,其中有一些当属机器人之列。例如,有一个绅士打扮的玩偶,身高不足 1 米,一手拿着拐杖,另一手夹着香烟,脑袋和眼睛不时地转动,悠闲自在地把香烟放在嘴边,然后吐出缕缕烟圈,神气活现,十分有趣。还有一些玩偶,会唱歌、跳舞,有的还会弹奏乐器。这些玩偶多是利用钟表的原理制成的。

会跳舞的玩偶机器人

当然,在现代人的眼里,上述这些机器人结构比较简单,而且多不具备实用性。但这些简单的机器人却体现了先人们的智慧和才能,是现代机器人的雏形,开启了未来机器人时代的先河。

现代机器人

20 世纪是一个大发明时代,现代机器人就是在这个世纪中期开始有了突破性的进展,之所以有了这样的成就,很大功绩应归于计算机和自动化的发展,以及原子能的开发利用。

自 1946 年第一台数字电子计算机问世以来,计算机取得了惊人的进步,向高速度、大容量、低价格的方向发展。大批量生产的迫切需求推动了自动化技术的进展,其结果之一便是 1952 年数控机床的诞生。与数控机床相关的控制、机械零件的研究又为机器人的开发奠定了基础。另一方面，原子能实验室的恶劣环境要求某些操作机械代替人处理放射性物质。在这一需求背景下，美国原子能委员会的阿尔贡研究所于1947年开发了遥控机械手，1948年又开发了机械式的主从机械手。

水下遥控机械手正在工作

1927年美国西屋公司工程师温兹利制造了第一个机器人"电报箱"，并在纽约举行的世界博览会上展出。它是一个电动机器人，装有无线电发报机，可以回答一些问题，但该机器人不能走动。1934年该公司又推出能说话的机器人"威利"，但仍不会走动。1951年，美国麻省理工学院成功研制出第一台数控铣床，从而首先实现了机械与电子的结合，是机器人机—电一体化技术的先驱。1954年，美国人戴沃尔最先提出了工业机器人示教再现机器人的概念，并申请了专利。该专利的关键技术是借助伺服技术控制机器人的关节，利用人手对机器人进行示教，于是机器人就能实现动作的记录和再现。这一技术思想至今仍被采用。

1959年，美国人英格伯格和德沃尔合作——前者负责机械部分（机器人的手和脚）设计，后者负责电子控制部分设计，研制出第一台工业机器人样机；1961年，美国一公司制造出用于模铸生产的工业机器人"尤尼梅特"（意思为万能自动），从而开创了现代机器人发展的新纪元。至1970年，美国用在自动生产线上的工业机器人，已

■ 图与文

数控铣床是在一般铣床的基础上发展起来的，两者的加工工艺基本相同，结构也有些相似，但数控铣床是靠程序控制的自动加工机床，所以其结构与普通铣床有很大区别。

经超过200余台。1970年在美国召开了第一届国际工业机器人学术会议。1970年以后，机器人的研究得到迅速广泛的普及。

当今世界处于信息时代，一种新技术或新产品一旦问世，就会很快引起全世界科学家的关注。1967年日本丰田和川崎公司分别引进美国的机器人技术，投入众多人力和巨额资金，进行技术的消化、仿制、改进和创新，到1980年就取得了极大的成功和普及，日本把1980年称之为"日本的机器人元年"。现在，日本生产和应用的机器人，在种类、数量以及技术水平方面，堪称世界之最，已处于世界领先地位。

欧洲一些发达国家，包括英、法、意以及苏联等国家，也都大力发展机器人技术，并且都取得了极大的进展。

我国机器人的研究工作起步于20世纪70年代，在国家大力关注和支持下，经过几十年的拼搏，紧跟世界机器人技术的发展，取得了一批举世瞩目的成果，如工业用机器人——焊接、喷漆、装配、切割、搬运、包装码垛等工业机器人，都已先后研制成功，并用于实际生产。其他一些特种机器人，如服务机器人、娱乐机器人、医用机器人等智能机器人也都相继研制成功，有的已经投入使用。

根据现代机器人的发展状况，可以将现代机器人的发展分为几个阶段，虽然至今各国学者意见尚不统一，但大多数认为可分为3代。

第一代：可编程序的示教再现机器人，简称"再现机器人"。这种机器人采取在工作现场进行实时编程控制，一旦重新编程后，机器人就会按照该程序依次重复(再现)动作。所谓"示教再现"，就是事前靠工人去"教导"、"指示"机器人如何去做。实现这个目的有两种方式：一种是靠操作者"手把手"或模拟方式，称为"人工导引示教"；另一种是数控编程示教——示教盒示教，就是操作者在现场手持示教盒(控制器)，输入数值和语言信息来指示机器人的动作。

第二代：第二代现代机器人是具有一定感觉功能和一定自适应能力的离线编程机器人，又称为简单智能组合式机器人。这类机器人依靠视觉、听觉、力觉和触觉等传感器，可以感受外界环境，通过控制系统使其做出相应的动作。计算机运行程序,是按照预定作业任务非现场编制,所以叫做"离线编程示教"。当机器人再现作业时,若与编程的路径有误差,这时传感器探知的信息立即反馈给控制系统,然后就可以自行修正,这就是说,这类机器人具有一定的自适应能力。

第三代:智能机器人,这类机器人是当今最新、最热门的研究课题,其中"仿人形智能机器人"(也称类人型)是最高级别的追求。这类机器人装有仿人的感知器官,是由多种性能先进且能互相"融合"的传感器构成,具有很强的自适应能力;具有逻辑思维能力,能进行推理、判断、自学、自理、自决功能;具有识别对象、感知环境、随机应变等能力;可以进行复杂的劳动和代替人类部分脑力劳动。智能机器人技术包含了诸多高端科技,因此,智能机器人的研究水平的高低,在一定程度上是一个国家高科技实力和发展水平的重要标志。

日本本田公司于1997年10月研制成功仿人形机器人"P3",其身高160厘米,体重130千克,肩宽60厘米,体厚55厘米,它可以平稳地前、后、左、右行走,还可以上下台阶和在倾斜的坡上行走;具有一定的语言功能,可以与人进行对话。在这款发明不久,本田公司又推出一种更新的智能机器人——"阿西莫",身高120厘米,体重仅43千克,其动作比"P3"机器人更加轻柔和稳健,走路形态和方式更加接近人类。阿西莫能像见到"熟人"一样打招呼,并能完成秘书的各种职能。阿西莫会迎候和陪同来访者,回答客人提出的各种问题,它甚至会"想起一些忘记的事",同时还能上网聊天和预告天气。如果有人问它:"明天的天气怎样",它会通过内置无线模块访问互联网,为发问的人找出所需要的天气信息。

仿人形智能机器人

"阿西莫"之所以这样聪明，是因为在它身上安装有智能软件，使它能借助头部的摄影机"看"到各种场景，辨认出大小在40厘米以上、移动速度不超过4千米/小时的物体。它尤其对人的姿势具有相当

■图与文

新型"阿西莫"在跑步过程中双脚同时离地时，能控制自身姿势的倾斜，使跑步速度提高到以往型号的两倍。在回旋跑动时，它能根据离心力的大小，将身体的重心向内侧倾斜，从而实现高速回旋跑动。

不错的判断能力，当有人向它伸出手时，它会立即上前与你握手。同时它能将人的说话声音与其他声音区分开来，假如有人喊它的名字，它会马上转身面向此人并答应。

在仿人形机器人方面，我国虽然起步较晚，但经过刻苦专研，也取得了很大的进展。例如，中国国防科学技术大学经过10年的努力，于2000年成功地研制出我国第一个仿人形机器人——"先行者"，其身高140厘米，重20千克。它有与人类似的躯体、头部、眼睛、双臂和双足，可以步行，也有一定的语言功能。它每秒钟走一步到两步，虽然步伐有些慢，但步行质量较高：既可在平地上稳步向前，还可自如地转弯、上坡；既可以在已知的环境中步行，还可以在小偏差、不确定的环境中行走。

可以预见，随着相关技术的进步和应用的不断成熟，现代机器人的发展也定会逐步向前的。

第四章
各种各样的机器人

由于形貌、结构、功能等方面的差异,机器人形形色色,各种各样。这些机器人有的差异很小,可能只是形貌或者是功能方面存在稍许差异,而有的机器人之间则存在很大不同,这主要是由于需求的不同,比如空间机器人和工业机器人之间就存在着很大的不同。这些形形色色的机器人在各自的领域发挥出独有的作用,为人类的生产、生活以及科研做出了重要贡献。

工业机器人

从字面上就可理解，工业机器人就是面向工业领域的多关节机械手或多自由度的机器人。工业机器人种类繁多，如喷漆机器人、焊接机器人、冲压机器人、装配机器人等都属于工业机器人。

工业机器人由主体、驱动系统和控制系统三个基本部分组成。主体即机座和执行机构，包括臂部、腕部和手部，有的机器人还有行走机构。大多数工业机器人有3～6个运动自由度，其中腕部通常有1～3个运动自由度；驱动系统包括动力装置和传动机构，用以使执行机构产生相应的动作；控制系统是按照输入的程序对驱动系统和执行机构发出指令信号，并进行控制。

工作中的工业机器人

在工业生产中使用机器人，有着诸多的好处：

首先，可以提高产品质量。由于机器人是按一定的程序作业，避免了人为的随机差错，因此一定程度上，提高了产品的质量。

其次，可以提高劳动生产率、降低成本。因为机器人可以"不知疲劳"地连续工作，其劳动生产率大为提高，成本也随之降低。

第三，高程度地保证了生产安全。工业机器人

在工业生产中能代替人做某些危险、恶劣环境下的作业,例如在冲压、压力铸造、热处理、焊接、涂装、塑料制品成形、机械加工和简单装配等工序上,以及在原子能工业等部门中,完成对人体有害物料的搬运或工艺操作。

第四,降低了对工种熟练程度的要求,不再要求每个操作者都是熟练工。

第五,有利于产品改型,如要换一种产品,只要给机器人换一个程序就行了。

下面列举一些在工业中常用的工业机器人:

■搬运机器人

搬运机器人是可以进行自动化搬运作业的工业机器人。最早的搬运机器人出现在1960年的美国。搬运机器人可安装不同的末端执行器以完成各种不同形状和状态的工件搬运工作,大大减轻了人类繁重的体力劳动。目前世界上使用的搬运机器人被广泛应用于机床上下料、冲压机自动化生产线、自动装配流水线、码垛搬运、集装箱等的自动搬运。部分发达国家已制定出人工搬运的最大限度,超过限度的必须由搬运机器人来完成。

劳作中的搬运机器人

搬运机器人是自动控制领域出现的一项高新技术成果,涉及到了力学、机械学、电器液压气压技术、自动控制技术、传感器技术、单片机技术和计算机技术等学科领域,已成为现代机械制造生产体系中的一项重要组成部分。它的优点是可以通过编程完成各种预期的任务,在自身结构和性能上有了人和机器的各自优势,尤其体现出了人工智能和适应性。

日本研制成功的OMNIHAND垂直关节型搬运机器人,手臂有3个关节,能上下、前后及侧向移动,即有6个自由度,每个坐标轴用交流伺服电机控制，最大搬运质量为 500 千克，定位精度为 0.1 毫米。定位是靠臂端安装的一个距离超声传感器和一个图像传感器联合完成。利用这种机器人可以搬运铁路枕木、钢轨等。同其他机器人一样，其臂端有多种备用附件，可以完成不同的搬运任务。

我国无锡威孚集团公司和南京理工大学合作 2001 年开发了一种搬运机器人，结构为 6 自由度、关节式、轨道控制式，原设计是针对该集团铝浇铸车间搬运铝液的，完成从保温炉内舀取铝液倒入浇铸机进行浇铸作业的。它可以同时供应 8 台浇铸机，工作一遍的时间为 6.5 分钟，并保证舀、倒铝液时没有溅漏，最大搬运质量为 100 千克，工作半径为 2.6 米，可在 ±180°范围内回转。

■焊接机器人

使用机器人进行焊接作业，可以保证焊接的一致性和稳定性，克服了人为因素带来的不稳定性，提高了产品质量。另外，由于使用机器人，工人可以远离焊接场地，减少了有害烟尘、焊炬对工人的侵害，改善了劳动条件，同时也减轻了劳动强度。

我国的工业机器人当中，焊接机器人占很大比例，用于汽车、摩托车、工程机械（比如起重机、推土机）、农业机械甚至家电生产部门。我国的大型汽车制造集团公司都具有多台焊接机器人。

在国外，焊接机器人也已经受到大、中型，甚至小型企业的重视，美国的卡特比勒，德国的利渤海尔、宝玛格，瑞典的沃尔沃等公司，均大量使用焊接机器人。

■图与文

点焊机器人主要用于汽车整车的焊接工作，具有性能稳定、质量有保证、运动速度快和负荷能力强等特点。

■喷漆机器人

我们知道,多数涂料对人体是有害的,因此,喷漆一向被列为有害工种。随着机器人技术的发展,喷漆机器人被制造出来代替人的喷漆工作。

喷漆机器人主要由机器人本体、计算机和相应的控制系统组成,液压驱动的喷漆机器人还包括液压油源、如油泵、油箱和电机等。多采用5或6自由度关节式结构,手臂有较大的运动空间,并可做复杂的轨迹运动,其腕部一般有2～3个自由度,可灵活运动。较

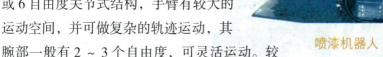

喷漆机器人

先进的喷漆机器人腕部采用柔性手腕,既可向各个方向弯曲,又可转动,其动作类似人的手腕,能方便地通过较小的孔伸入工件内部,喷涂其内表面。喷漆机器人一般采用液压驱动,具有动作速度快、防爆性能好等特点,可通过手把手示教或点位示数来实现示教。喷漆机器人广泛用于汽车、仪表、电器、搪瓷等工艺生产部门。

在我国工业机器人发展历程中,喷漆机器人是比较早开发的项目之一,目前为止,已有多条喷漆自动生产线用于汽车等行业。

■装配机器人

装配机器人是柔性自动化装配系统的核心设备,由机器人操作机、控制器、末端执行器和传感系统组成。其中操作机的结构类型有水平关节型、直角坐标型、多关节型和圆柱坐标型等;控制器一般采用多CPU或多级计算机系统,实现运动控制和运动编程;末端执行器为适应不同的装配对象而设计成各种手爪和手腕等;传感系统用来获取装配机器人与环境和装配对象之间相互作用的信息。

常用的装配机器人主要有可编程通用装配操作手(即PUMA机器人)和平面双关节型机器人(即SCARA机器人)两种类型。与一般工业机器人

37

相比，装配机器人具有精度高、柔顺性好、工作范围小、能与其他系统配套使用等特点，主要用于各种电器的制造行业。

■ 采矿机器人

我们知道，采矿是一项劳动强度大，劳动环境恶劣且充满不安全因素的行业。另外，采掘工艺一般比较复杂，这种复杂工作很难用一般的自动化机械完成，因此，采矿业迫切要求开发各种不同用途的带有一定智能的机器人以取代人类的这项工作。

采矿机器人

根据目前采矿业的条件和特点，机器人的应用主要有以下几个方面：

（1）凿岩。这种机器人可以利用传感器来确定巷道的上缘，这样就可以自动瞄准巷道缝，然后把钻头按规定的间隔布置好，钻孔过程用微机控制，随时根据岩石硬度调整钻头的转速和力的大小以及钻孔的形状，这样可以大大提高生产率，人只要在安全的地方监视整个过程的作业过程就行了。

（2）井下喷浆。井下喷浆作业是一项繁重且危险的劳动，目前这种作业主要由人操作机械装置来完成，但这种方法有很多的不足之处。采用喷浆机器人不仅可以提高喷涂质量，也可以将人从恶劣和繁重的作业环境中解放出来。

（3）特殊煤层采掘。目前，一般都用综合机械化采煤机采煤，但对于薄煤层这样一类的特殊情况，运用综合机械化采煤机采煤就很不方便，有时甚至是不可能的。如果用人去采，又保证不了安全。最好的方法是利用遥控机器人进行采掘。这种采掘机器人应该能拿起各种工具，比如高速转机、电动机和其他采爆器械等，并且能操作这些工具。

（4）危险因素检测。瓦斯和冲击地压是井下作业中的两个不安全的自然因素，一旦发生突然事故，是相当危险和严重的。可以采用带有专用新型传感器的移动式机器人，连续监视采矿状态，以便及早发现事故突发的先兆，采取相应的预防措施。

■ 喷丸机器人

由于现代化产品对表面质量要求越来越高，而手工清理不仅效率低，而且劳动量太大，更为重要的是质量没有一定的保证，因此表面处理是现代机械工业发展中一个高端问题。为此芬兰的钢铁巨人公司研制出一种计算机控制的喷丸机器人，可

■ 图与文

喷丸机器人可以应用在许多领域中，例如在飞机制造厂，在对机身及机翼表面重新涂漆之前，需要完全除去旧漆，以便不致影响飞机的总的重量。经过对比实验表明，用机器人除漆质量良好。

以进行各种表面处理，如飞机机身、机翼除旧漆，运输集装箱内外表面处理等。喷丸的载运介质有空气、水蒸气或水；磨削介质则可以用玻璃球、塑料片、砂粒等。

实践证明：喷丸机器人比人工清理效率高出10倍以上，而且工人可以避开过去污浊、嘈噪的工作环境，操作者只要改变计算机程序，就可以轻松改变不同的清理工艺。目前这种机器人在德国、俄罗斯、瑞典等国家得到大量应用。

■ 吹玻璃机器人

类似灯泡一类的玻璃制品，都是先将玻璃熔化，然后人工吹气成形的，要知道，熔化的玻璃温度高达1 100℃以上，因此，无论是搬运，还是吹制，不仅劳动强度大，而且对人身安全也有潜在的危害。为此，法国赛

伯格拉斯公司开发了两种6轴工业机器人，应用于"采集"(搬运)和"吹制"玻璃两项工作。

采集玻璃机器人使用的工具是一个细长杆件，杆头装一个难熔化材料制成的圆球，操作时机器人把圆球插入熔化的玻璃液中，慢慢转动，熔化的玻璃就会包在圆球上，像蘸糖葫芦一样，当蘸到足够的玻璃液时，用工业剪刀剪断与玻璃液相连处，放入模具等待加工。

吹制机器人与采集玻璃机器人不同的是工具，细长杆端头装的是个尖钳，能够夹起玻璃坯料，细长杆中心有孔，工作时靠一台空气压缩机向孔内吹气，实际上是再现人工吹制的动作。

■核工业中的机器人

我们都知道，核物质有强烈的核辐射，对人体有着巨大的伤害。目前，世界发达国家都广泛建立和使用核电站，核电站对国民经济的发展起着越来越大的作用。既要发展核工业，又要使人们远离核辐射的危害，那么开发核工业机器人，让机器人代替人去进行有关作业，是解决这一问题的行之有效的途径。

日本最早开发的这类机器人是单轨的，活动范围很窄，只能对某些核设备进行定向的巡检；后来为了扩大工作范围，又开发了履带式巡检机器人，两者都装有摄像机、麦克风等设备。后来又进一步装上了机械手，应用了人工智能，使性能大为提高。

■图与文

"舞王"身高约1.8米，重250多千克，基座为一六角形的底盘，装有6条长腿，由18个轴控制，分别安装在底盘的6个角上。在18台电子发动机的带动下，每条腿都转动，形似一个巨大的蜘蛛。此外，"舞王"的基座上还装有用于控制和监视的电脑。"舞王"在一台无线台式电脑的遥控下，不仅可以行走、转弯，还可以爬梯子、翻越45厘米高的障碍物。

随着核工业和机器人技术的发展，不少国家研制成功了远距离控制的核工业机器人。例如有美国的SAMSIN型，德国的EMSM系列，法国的MA23—SD系列，印度的"舞王"行走式机器人等。

长期以来，印度原子能部一直为火灾、放射性泄漏、系统零件失灵等事故所困扰，而仅靠普通人工，根本无法深入到这些高辐射险境里去排除事故隐患，必须使用像"舞王"这样能负重物的大型行走式机器人。

目前大多数核工业机器人采用的是车轮或履带，或车轮和履带相结合的行走方式，只有少数的机器人采用多足或两足行走方式。为了实现远距离控制，核工业机器人具有各种各样的传感器设备。现在研制成功的核工业机器人一般都携带有照明灯、摄像机和导航设备，并且通过一根很柔软的电线连接到它的机械手上，这样它就可以顺利地在现场行走，达到目的地。

现在的核工业机器人

一般的核工业机器人需要具备下面两个特点：

（1）适应不同的环境和高可靠性。机器人在核电站内进行工作时，多半是操作高放射性物质，一旦发生故障，不仅本身将受到放射性污染，而且还会造成污染范围扩大。所以要保证核工业机器人有很强的环境适应能力和很高的可靠性，使它在工作时不会发生故障。

（2）适用性强。核电站内的设备很多，各种管道错综复杂，通道狭隘，工作空间小。因此要求核工业机器人能顺利通过各种障碍物和狭隘的通道，并且最好能根据需要操作不同的设备。

核工业环境复杂，情况特殊，因此，现有的机器人还不足以应对，因此，发展新型核工业机器人是必然的方向和选择。

■加工机器人

　　加工机器人一般是指食品加工机器人，主要是加工肉类和鱼类。肉类加工是一项劳动强度大的工作。目前，英国、丹麦、德国等国已经研制成功机器人屠宰系统，用于去除内脏以后，胴体各部分的分割，而丹麦的 Danish 肉类研究所建造了一套内脏去除示范系统，用于去除内脏。

　　用机器人加工鱼类主要是出于加工鱼繁琐和劳累的考虑。冰岛、希腊、丹麦等产鱼大国，要大量加工鱼，一般加工的工序是：先切掉鱼头，然后从鱼的背骨将其切成两片，再去掉小刺和一些不整齐的余肉，完成这些工作，工序繁琐，不仅使人劳累，而且还有安全等问题。目前研究中的鱼类加工机器人，正在解决切鱼头工序。主要要求是：制造一个高速视觉导向机器人，其末端装有手臂，能准确地从传送带上抓起滑溜的鱼，迅速放到切头机上去，保证在传送带不停运转的情况下，不能漏抓漏切一条鱼，切头机加工一条鱼的时间要求 1～2 秒。视觉系统还必须能区分鱼的大小，以便把鱼送到不同的加工线上。

■包装机器人

　　瑞士的一家糕点厂从 1992 年就在生产线上安装了 8 台包装机器人，它们的任务是：将糕点放入软包装盒，再将软包装盒放入纸箱两道工序。其中最困难的是第一道工序，糕点放在传送带上，机器人要将糕点完好无损地取下并准确地放入包装盒内。利用摄像机对传送带上糕点的位置定位，并将数据传给机器人，机器人将传送带上的糕点逐个取下，小心翼翼地放入软包装盒中，手爪的动作既灵活又准确，其最高效率可达 145 块 / 分钟。

包装机器人

工程机器人

随着社会的快速发展，工程建设也"遍地开花"，公路建设、铁路建设、桥梁建设、油气管道的铺设等等工程热火朝天地在进行。工程建设不但劳动强度大，而且还带有一定的危险性，如何将人从繁重的劳动中解脱出来，就成了世界各国急需解决的问题。工程机器人的出现为这一难题找到了出路。

工程机器人有很多，管道机器人、架线机器人、高压线作业机器人、爬缆索机器人、换铁轨机器人、挖掘机器人、铺设机器人等等。

■挖掘机器人

日本电话公司开发出一种机器人，这种机器人可以代替人在地下进行挖掘，开出隧道，安装电缆。该机器人由一个挖掘模块（半径35厘米，长270厘米）和一个盒状主机（长258厘米，宽140厘米，高270厘米）组成。工作时，主机需埋在地下，通过地上电缆进行工作，挖掘过程中，挖掘模块通过震动挖开土壤，甚至硬土，据测试，利用这种机器人挖掘与用传统设备相比，可提高工效2/3，降低成本1/2，还有一点也很重要，那就是免去了露天挖掘引起的交通堵塞和环境污染。

■铺设机器人

2001年3月，美国研制成功一种叫做"下水道进入模板（SAM）"的防水机器人，SAM是一个长3英尺(0.914米)、圆柱形的细长机器人，在下水道里活动自如，防水性极好，可以在4米深的下水道里铺设光缆。

铺设机器人正在进行工作

由于机器人个头小,加之它不具备嗅觉,再狭窄、再恶臭的下水道,它都能进出。但至今问题解决得还不够十全十美,机器人还不能完全独立工作,还要靠人帮忙,机器人需要人送进下水道口;帮助它完成光缆接头工作;作业时还必须有工作人员监视它的工作进展情况。据报道,SAM 比人工挖掘铺设提高效率60%,有了 SAM 的替代工作,原先"匍匐"在下水道里工作的人可以"挺起腰杆"了。

■架线机器人

电力是现代生活、生产必不可少的能量来源之一,电力建设也就成了现代一项繁忙的行业。在城市上空,在原野上空,到处是架空线,显而易见,这些架空线要靠人力检查,不仅困难,而且还会给施工人员带来危险。日本研制出的架空线检查机器人,由控制装置和机器人本体两部分组成,控制部分放置于地面上,包括电脑、显示器、伺服控制器和通信设备,本体上装有带传动装置的驱动马达、摄像机、电池等,本体靠3个轮子夹在架空线上。这种机器人的特点是:控制器与传动装置之间、摄像机与图像接收器之间的信息传递都是无线的,从而使机器人本体做到了体积小、重量轻,长度仅为500毫米,机器人通过前后平衡器可以改变重心,沿架空线螺旋移动,以躲避线上的障碍物。

作业中的旋翼飞行机器人

2009年一种名为"旋翼飞行机器人"的空中多功能自主飞行机器人在中科院沈阳自动化研究所研制成功。"旋翼飞行机器人"有大小两款,外形与直升机酷似,机器人前下部装有摄像设备,顶部旋翼直径超过3米,机器人长度约有3米。较大的机器人起飞重量120千克,有效载荷40千克,最大巡航速度每小时100千米,最大续航时间4小时;较小的机器人起飞重量40千克,有效载荷15千克,最大巡航速度每小时70千米,最大续航时间2小时。

旋翼飞行机器人在空中可以实现全自主飞行,无需人员驾驶和操控,

设定目标坐标后,它可以自主起飞、降落、巡航。

2011年9月,在±800kV特高压直流输电线路湖北赤壁至洪湖乌林段架设工程中,旋翼飞行机器人大展神威,在国内首次完成临近特高压直流输电线路的带电环境下,跨越长江通航状态输电线路架设工程作业。标志着我国已掌握该套作业技术,并为此类施工提供了一种高效率、低成本的高技术装备。

■ 管道机器人

自来水管道、天燃气管道、暖气管道以及输油管道大部分埋在地下,这些管道需要经常检查、维修,由于埋在地下,因此检查、维修起来很不方便,可以说费时费力,管道机器人的诞生为这个难题提供了解决之道。

国外管道机器人的研究开始于20世纪60年代,20世纪80年代以后,日本在这方面的研究逐渐走在前面:日本冈田研制的MOGRER管内机器人适用管径132~218毫米;福田、细贝研制的管内检测机器人可通过L形弯管道,由本体和头部两部分组成,用4个红外传感器感知识别弯头的位置和方向;"猎狗200型"机器人用于管道X射线探伤。此外,还研制成检查热电站进水管的机器人,这种机器人能在热电站运行中进行检查清理工作。这种机器人结构紧凑,长260厘米,宽90厘米,高75厘米,该系统由水下机器人、电缆绞盘、投放回收装置和控制室组成,设有8个推进器,用于前进和横向运动。机器人底部装有2个旋转刀具,可以刮去海洋生物,还装有摄像机和探障声纳。这种机器人可以在水流速度不超过1.8米/秒时,以0.5米/秒速度进行工作。

微型管道机器人也已经问世,微型管道机器人能在管径小于20毫米管道中工作,可用于微型管内探伤、医学肠内窥视等。日本一家公司研制的管内探伤机器人,直径5.5毫米,长20毫米,质量1克,可以在直径8毫米管道中作业,最大运动速度为10毫米/秒。仿蜘蛛垂直爬管微型机器人是由德国西门子公司研制的,分别有4、6、8只脚3种类型,利用腿推压管壁来支撑本体。仿蚯蚓运动模型的管道微机器人,像蚯蚓一样,身体分成几段,最大速度2.2毫米/秒,可在直径20毫米的管道内运动。

我国在管道机器人方面的研究以哈尔滨工业大学起步较早，1994年研制成功直进轮式全自动管内移动机器人，先后又取得以下几项重要成果。

■ 爬缆索机器人

目前，斜拉桥的形式是世界上现代桥梁常采用的形式，我国现有斜拉桥200多座。另外，其他大型建筑，如上海浦东国际机场、虹口体育场等，也采用了斜拉桥结构。斜拉桥结构带来一个棘手的问题是，这些缆索的检测、涂装非常困难，沿用过去人工方法，不仅工作效率低，而且相当危险。上海黄浦江大桥工程建设处与上海交通大学联合研制成的"缆索机器人"解决了这一问题。

■ 图与文

机器人可沿任意倾斜度的缆索爬升，可爬升的缆索标高为160米，缆索倾斜度0°～90°，可适应的缆索直径为90～200毫米，机器人爬升速度为8米/秒。

该机器人由机器人本体和机器人小车两部分组成，机器人本体可沿斜缆索爬升，自动完成检查、打磨、清洗以及涂装等工作，地面小车则负责向机器人本体供水和涂料，并监控机器人本体在空中工作情况。机器人可爬高160米，缆索角度为0°～90°，可适应直径为90～200毫米的缆索，爬升速度为8米/秒。系统具备一定的人机交互功能，能在空中判断风力大小等环境条件，并能采取相应措施。

■ 换铁轨机器人

火车是一种重要的交通运输工具，在我国，铁路是交通的大动脉。在火车运行中，铁轨的累积载重和磨损都相当严重，为了保证运输安全，就必须定期更换铁轨，而铁轨是由螺栓固定在枕木上的，螺栓的布置相当密集，大约每100米铁轨上就需布置300多个，换轨时，拆、装螺栓的工作就成

为艰苦、单调、重复的体力劳动,以前一直是由人工来完成的,其艰苦和辛劳自不必说。

美国设计了一种机器人可以代替铁路工人的这种辛苦工作,这种机器人外形很像一把扳手,工作中,一发现螺栓,就会停在它的中心位置,把螺栓拧下来,这些"小扳手"被固定在一个工作母机上,由母机带动沿铁轨行进,当工人换上新轨之后,它们就会靠视觉系统找螺栓,并把螺栓拧在应有的位置上。

沿着铁轨行走的机器人

日本研制出一种换铁轨机器人,这种机器人可以用来拆除和拧紧固定铁轨的螺栓。它们装有发电机,是自走型机器人,机器人沿铁轨行走,装在它上面的传感器能测定到螺栓,用手臂拆卸或拧紧螺栓,据实测每分钟能拆除17个螺栓,与人工相比可使换轨工作提高30%的工效。

■ 火山探险机器人

火山爆发会给周围人们带来巨大灾难,因此人们必须对火山进行研究,而人接近火山口是很危险的。1994年美国卡内基·梅隆大学、航天局和阿拉斯加火山观测站的科学家合作,将一个叫"丹蒂Ⅱ号"的机器人送入斯珀火山口,目的是取得火山口底部的化学及温度特征数据。

"丹蒂"长3米、宽2米,质量400千克,有8条腿,排成2行,每4条腿构成一个框架,框架上的电机和传动装置驱动它的4条腿,由特殊的4连杆机构将每条腿的旋转运动转变成步进运动。前进时,同一框架上的4条腿同时前进,此时靠地面上的4条腿支撑身体,并推动身体前进。它依靠自身的系绳,能够上、下坡及越过1米高的障碍,由于装有3镜筒体视系统、扫描激光测距仪和两台感知传感器,能自动感知周围环境,自行决策行进路线,并避开障碍。

"丹蒂Ⅱ号"机器人

"丹蒂"接受任务以后向火山口进发,爬到了198米的深度,这是火山喷气口区域,利用它所带的传感器采集了气体样品,摄下了图像。工作中,意外发生了,"丹蒂"不慎从深120米的火山壁上摔了下去,并一路侧滚翻,科学家们迅速用直升机救援,突然吊"丹蒂"的绳子又断了,情况十分紧急,此时,一位科学家"见义勇为"冒着岩石打击的危险,攀岩而下,把绳索重新套在机器人身上,随之直升机把"丹蒂"拉了上来。由于"丹蒂"的"勇敢献身"精神,完成了这次探险任务,得到的图像和数据给科学家对火山口的研究提供了重要依据。

服务机器人

与大多数工业机器人所从事的"体力劳动"不同,服务机器人从事的是日常生活的服务行业,其身影已经出现在家庭、办公室、医院等部门。

美国的服务型机器人能照顾残障人和老弱病人,能为盲人引路,能砍树、剪修整枝、采摘水果、打扫卫生。

日本富士公司制造的"秘书机器人"能在文件上签字、盖印,专为公司经理服务;日本电器公司制造的同类机器人能编制工作日程表,并能代总经理写信。

在法国巴黎,地铁车站全部由机器人来清扫,它们能自动完成刷洗、

吸尘、洒消毒水等项工作。这种机器人有"眼睛"，当遇到障碍时便减速并鸣笛。若是在鸣笛之后障碍物仍不躲开，那么机器人便从障碍物的旁边绕过去。

■ 导盲机器人

导盲机器人是为视觉障碍者提供环境导引的辅助工具。它属于服务机器人范畴，通过多种传感器对周围环境进行探测，将探测的信息反馈给视觉障碍者，帮助弥补他们视觉信息的缺失。世界上视觉障碍者数量众多，而他们只能

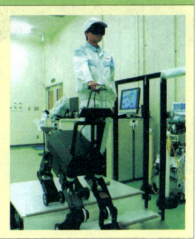

■ 图与文

导盲犬机器人采用先进的触感器进行探测，当机器掌握周围地形环境之后便指导盲人行走，帮助盲人更有效地避免各种障碍，更好地完成爬楼梯等工作。

用60%的感觉来获取经验，因而设计一款实用的导盲机器人来帮助视觉障碍者是十分重要的。

导盲机器人行走机构采用1个舵轮和2个从动轮的轮式结构，舵轮由电机驱动，控制车体行进方向。机器人采用单片机控制，配备视觉传感器、红外传感器、超声波传感器等检测环境信息，并具有语音提示功能。日本研制的"导盲犬"机器人以蓄电池作动力源，并装有电脑和感觉装置，可以不断地检测路标，带领盲人绕过障碍物前进。更高级的导盲机器人应用电脑环境识别技术，在通过耳机问清使用者目的地之后，就能通过摄像机和传感器识别周围环境、人行道及交通信号灯等，越过障碍将使用者引导到目的地。

■ 导游机器人

在1995年伦敦举行的欧洲有线通讯博览会上，一个机器人明星出尽了风头。这个圆头圆脑的机器人不停地走来走去，边向人们问候，边给参观

者分发礼物。这个机器人只有半米高,靠四个轮子运动。它圆圆的大脑袋上有两个茶杯口大小的眼睛,闪闪地发着蓝光。眼睛里装的是小型雷达,用来探测周围的行人和物体。它可以自动躲避障碍物,从一个展台走向另一个展台。这个机器人即是导游机器人。

导游机器人

机器人的出现立即引起了观众的兴趣。一位男士对它说"你跟我来,请向那位女士问好"。机器人随他走到那位女士身旁,闪着蓝色的大眼睛,用尖嗓门的童声问候到:"您好!"女士回答道:"我喜欢你的大眼睛。""谢谢你,漂亮的女士,你可以从我身上的袋子里拿一份礼物。"机器人答道。

当这个机器人离开这位女士向前走时,一名记者从后面向它喊道:"停下!"机器人乖乖地停了下来,转过圆脑袋看着记者问:"你为什么让我停下来?"记者机敏地问它:"你叫什么名字?""我叫吉姆。""你多大了?""我三个月了。""你是男的还是女的?""我们机器人没有男女之分。"一席对话引起围观者的哄堂大笑。该机器人装备有先进的计算机语音处理系统,它能听懂人讲英语,并根据计算机存储的信息作出相应的回答。机器人体内的计算机还可以根据雷达探测到的数据,选择自己的行走路线。带领机器人走到楼梯前,命令它上楼梯。机器人立即提出抗议:"我不会上楼梯,请带我去走电梯!"听了这话,记者赞许道:"你真聪明!"小明星毫不客气地说:"我要比你聪明得

上海世博震旦机器人导游

多。"这一回答又引起了人们的一阵哄堂大笑。

我国科技馆展出的我国导游机器人"灵灵"是个温柔、幽默、长着红嘴唇、黑眉毛的导游机器人。"灵灵"质量60千克,长、宽为70厘米,高为140厘米,由蓄电池供电,一次充电可工作4小时,是由海尔哈尔滨工业大学机器人技术有限公司研制的。只见它不时用微笑迎接着参观的人们,它可以自主无缆行走,还能随场景变化向参观者进行讲解,如果你挡了它的路,它会说"劳驾"。它也有避障功能,可以绕过你继续前进。如果有人触摸它头部,它会高声地说:"哦,好痒。"它甚至会温柔地对记者说:"我喜欢你的T恤衫。"它是个快乐的机器人,一有人走近,它就会冲人微笑。如果它的周围挤满了人的话,它也会皱起眉头并发出求救的声音。"灵灵"融合了电机驱动技术、多传感器信息融合技术、语言合成技术、计算机多媒体技术等多项高新技术。

这种导游机器人除了可以做导游,还可以用于商店导购、宾馆服务及为盲人导向等许多方面的服务工作。

图与文

我国民航大学研制的福娃机器人能够感应到一米范围内的游客,与人对话、摄影留念、唱歌舞蹈,还能回答与奥运会相关的问题。这种机器人还被用于机场、高级宾馆等场所。

美国一组研究人员新推出一种新型机器人,这种取名为GRACE的机器人在加拿大西部城市埃德蒙顿召开的美洲人工智能协会会议上首次亮相。GRACE机器人由卡内基—梅隆大学、美国海军实验室、苏奥特莫尔学院、西北大学和Metrica公司的专家共同研制。GRACE最突出特点是善于与人相处。

GRACE机器人身高大约180厘米,身体呈圆筒状,它的头部是一台平面计算机显示器,显示器上显现的是一幅人脸图像;机器人没有双手,利用视频摄像机和回声定位仪确定空间方位并靠轮子"行走"。

GRACE能独自报名参加会议,自行出入会议厅等场所,甚至能单独发言并回答公众的提问。研究人员指出,GRACE机器人不仅欢迎人们向它提问,而且十分注意回答问题时的口气,尽量不去冲撞向它提问的人。

目前,GRACE机器人的计算机面孔上的嘴唇动作与发音尚不能保持完全同步,这使得机器人的行为反应看上去有些呆滞,欠缺真实感,现在研究者正在设法改进机器人的程序,以使"她"更加完美。

■迎宾机器人

迎宾机器人是集语音识别技术和智能运动技术于一身的高科技展品,该机器人为仿人型,身高、体形、表情等都力争逼真,亲切、可爱、美丽、大方、栩栩如生,给人以真切之感,体现人性化。

迎宾机器人一般具有下列功能:

(1)自主迎宾:将机器人放置会场、宾馆、商场等活动及促销现场,当宾客经过时,机器人会主动打招呼:"您好!欢迎您光临!"宾客离开时,机器人会说:"您好,欢迎下次光临!"

(2)致迎宾辞:展示展览机器人能够在舞台和现场向宾客致"欢迎辞"。"欢迎辞"可由用户先拟定内容,编程输入后通过机器人特有的语音效果表达出来。

(3)动作展示:迎宾机器人可表演唱歌、讲故事、背诗等才艺节目,机器人同时配备头部、眼部、嘴部、手臂动作,充分展示机器人的娱乐功能。

(4)人机对话:机器人具备当今科技最前沿的语音识别功能,现场宾客可使用麦克风向机器人提出众多问题,对话内容可以根据用户需要制

上海世博会吉祥物海宝

定，机器人则用幽默的语言回答宾客提问。

海尔哈尔滨工业大学机器人技术有限公司研制成功了一款迎宾机器人。这款迎宾机器人可以模拟人类腰部以上各关节运动，可独立完成9个自由度动作。

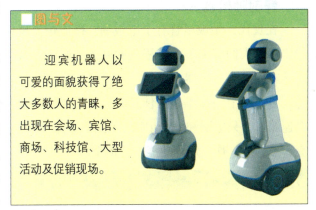

■ 图与文

迎宾机器人以可爱的面貌获得了绝大多数人的青睐，多出现在会场、宾馆、商场、科技馆、大型活动及促销现场。

机器人可通过音响系统播放乐曲，运用手臂、头、眼睛和腰部完成多种运动组合，实现乐队指挥功能。它还具有一定的语音功能，可以唱歌、背唐诗等，并可以配合一些动作表情，实现展示场景的解说、讲解、迎宾致辞等功能。只要将它放置在固定位置就可实现上述这些表演功能了。

■ **看家机器人**

日本三洋电机公司研制出一种会看家的机器狗，它可以吓唬小偷并拍下窃贼的影像。这只机器狗的大小与真狗差不多，高70厘米，长75厘米，体重约40千克，人们叫它为"番龙"。"番龙"能感应室内温度和声音，遇到陌生人时会像狗一样吼叫。发现可疑情况时，主动通报给主人。它的头部有摄像镜头。主人可以通过手机与"看家狗"联系的，出门在外时，主人的手机可以接收到由"机器狗"传送来的画面，从而做到对家里的情况了如指掌。一旦发现窃贼入室，主人就可以对着手机讲话，其声音将通过机器狗身上的麦克风传出，受惊吓的小偷自然会落荒而逃。手机遥控"番龙"也非常简单。手机键盘上的数字可以分别设定为前进、后退、转弯、行走、暂停等11项操作。

看家机器狗"番龙"

厨师机器人

在现代,做饭尽管有了电饭锅、微波炉等现代厨具的帮助,但一日三餐仍然给人们带来了一定程度的麻烦和辛劳。为了解除这种辛劳和麻烦,科学家研制出"机器人厨师",只要把一张食谱放入电炉,这个机器人厨师就可以奉上一盘丰盛的佳肴。它的主要结构是一个电脑微处理器、一个变速箱、一只电锅和一个记忆卡,体积只有烤面包箱那么大,质量约23千克,煎、炒、炸、烧等功能一应俱全。

图与文

爱可2.0是世界首台中国菜肴烹饪机器人,目前可烹制600多道菜肴,其运作过程包括:材料盒制备、烹饪投料、原料装盘、自动烹饪,有自动喷油、喷水、搅拌设备,与之相连接的是一个智能化触摸屏。

用的时候,用户只要把切好的食物材料装入分隔器中,插入记忆卡,它就能在适当的时刻将应放的食物材料放入,并加上适当的调料进行加工。

用这种机器人厨师做饭简单方便,而且口味地道,更重要的是减轻了人们的劳累,因此受到了人们的青睐。

人类对厨师机器人的研究有比较长的历史了,现在,在日本,人们已经研制出能够制作日式烧饼、章鱼小丸子、拉面等日常食物的机器人厨师。2009年6月,在东京国际食品机械和技术博览会上,一个肩膀宽阔的机器人用抹刀为参观者制作日式烧饼;另一个机器人则用一只手捏制寿司;还有一个机器人则以超人的速度将黄瓜切片。2009年在名古屋,以机器人为厨师的餐厅开业了。店内两个巨大的黄色机器人手臂一天要准备多达800碗的拉面。在煮拉面的空挡,机器人还能表演编排好的喜剧动作,或练拳击,算是给顾客来点小节目。

2006年10月,我国发明了世界第一台中国菜肴烹饪机器人——"爱可"。在不远的将来,机器人厨师有望代替家庭主妇,为一家人烹饪一日三餐。

■清扫机器人

日本东芝公司与瑞典拉克斯电子公司联合研发的"特里洛巴伊特"是一款清扫机器人。从外形上看,"特里洛巴伊特"像是一个救生圈,其主要由清扫机器和超声波传感器构成,在工作时可避开室内摆放的各种家具用品。只要家庭主妇领着它做过一次清扫后,它便可以按行走过的清扫线路进行自动清扫。这种机器人是充电式的,每一次充电可连续工作1小时。

泳池清扫机器人

■清洗机器人

这里所说的清洗机器人是特指清洗飞机的,它的英文名字叫SKYWASH。它有长长的手臂,向上可伸33米高,向外可伸27米远,它可以清洗任何类型的飞机,有时它甚至可以越过一架停着的飞机去清洗另一架飞机,可谓是清洗巨人。

这架清洗机器人是德国汉萨航空公司委托普茨迈斯特公司研制的,目前已在德国法兰克福机场上岗工作。

清洗机器人利用两套计算机和一个机器人控制器来控制飞机的清洗。利用微机对航空公司的整个机队的飞机外形进行编程,清洗时先将飞机的机型数据输入计算机,工作时,两台机器人位于飞机的两侧,在机翼与飞机头部(或尾部)的中间,利用装在旋转结构上的专用激光摄像机确定精确的工作位置。传感器得到飞机的三维轮廓,并将此信息送往计算机进行处理,计算机将机器人当前的位置与所存储的飞机的数据模型进行比较,并由当前的位置计算出机器人的坐标。机器人概略定位后,利用液压马达将支撑脚放出,使机器人站稳脚跟。然后进行精确定位。经操作人员同意,机器人开始清洗。

据测定，人工清洗一架波音747飞机需要95个工时，飞机在地面须停留9个小时，而机器人清洗仅需12个工时，飞机在地面只需停留3小时。这样，就大大缩短了飞机的地面停留时间，增加了飞行时间，提高了经济效益。

■牧羊机器人

科学家研究证实，让动物和机器人"相处"，动物对机器人的反映良好，它们感到机器人比人和其他动物相对来说，要安全得多。在研究过程中，研究人员研制出一种自主机器人，这种机器人能够进入鸭子的活动场所，将鸭群赶到一起，并且能将它们安全地赶到目的地。这是世界上首次进行这种方面的实验。以前没有任何的机器人系统能够控制动物的行为，同时也没有任何设计这种机器人的方法。实际上，这个实验是为了研究机器人牧羊犬和羊之间的关系而作的先期实验。这个实验之所以选择鸭子，而不是用羊进行试验的主要原因是要更方便地进行小规模的试验。

这个机器人牧羊犬项目是由美国的多个大学联合进行的。这个多学科的研究项目涉及到机器人的制造，机器人视觉、为建模和个体生态学。为了避免在实验过程中总是使用动物所带来的不便，研究小组建立了一种基本群体特性的最小通用模型，并将其集成到场地与机器人的计算机仿真中。仿真鸭子被叫做"小鸭"，它只突出鸭子的一种行为。通过仿真器进行实验，设计出了机器人的控制程序，它控制机器人以正确的方式赶拢鸭子。最后的结果表明，用真正的机器人和鸭子进行的试验是成功的。

试验机器人的外表是一个带有轮子的垂直的圆柱体，可以方便地在室外的草坪上运动。这种机器人的最大行走速度是每秒钟4米，远远超过了鸭子的速度。机器人高78厘米，直径44厘米，外面包一层软塑料，软塑料安装在橡胶弹簧上。目的是保证鸭子的安全。这个机器人系统包括机器人车、计算机和摄像机。计算机在分析了摄像机拍摄的图像后，可以确定鸭群和机器人的位置，将信息与已知的目标位置进行分析，控制程序就能确定机器人的行走路线。命令是通过无线电台发送给机器人的，它引导机器人将鸭子赶到目的地。

■轮椅机器人

老龄化社会已经到来,我们经常可以看到行动不便的老人乘坐轮椅,由别人推着缓缓前行。这种轮椅使用起来有很多不便之处,而且还需要别人来推。因此,轮椅机器人应运而生了。

机器人轮椅主要有口令识别与语音合成、机器人自定位、动态随机避障、多传感器信息融合、实时自适应导航控制等功能。

机器人轮椅关键技术是安全导航问题,采用的基本方法是靠超声波和红外测距,个别也采用了口令控制。

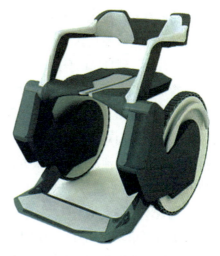

轮椅机器人

超声波和红外导航的主要不足在于可控测范围有限,视觉导航可以克服这方面的不足。在机器人轮椅中,对使用者来说,机器人轮椅应具有与人交互的功能。这种交互功能可以很直观地通过人机语音对话来实现。尽管个别现有的移动轮椅可用简单的口令来控制,但真正具有交互功能的移动机器人和轮椅尚不多见。

中国科学院自动化研究所研制成的"智能轮椅",头上长着"眼睛"——装有摄像头,并装有超声波反应器和微电脑,可以通过语言交互(例如通过麦克风),聋哑人头部姿势或者手语指令来控制其运动,能识别6米以内的障碍物,能及时转弯或后退,还能爬45°的

■趣知农

智能轮椅的两个后轮为自行研制开发的伺服驱动轮,轮椅上安有控制器、传感器、操作面板和控制杆,轮椅座位的下方安装有两块铅酸蓄电池。

斜坡，在家庭环境里走一遍，就能记住环境，可以按指令去卧室或客厅。智能轮椅具有通过遥控器进行遥操作控制的功能。用户在不使用轮椅时可以通过遥控器将轮椅送到某一位置，而在需要使用时则可以通过遥控器将轮椅"召唤"到自己的身边。

智能轮椅具有手动和半自动两种操作模式。轮椅上安装有多个超声传感器，可以根据与前方物体之间的距离自动调节运动速度，避免出现碰撞或因为急停而对用户产生伤害。轮椅使用的电池重量较轻，并可以灵活拆装。在卸下电池后，可以很方便地对智能轮椅进行折叠。轮椅最大运动速度为7千米/小时，一次充电可以行驶20千米左右。

■ 爬壁机器人

随着城市现代化脚步的加快，一座座高楼拔地而起。很多商业大厦为了美观和采光效果，都在外表面装上了气派的大玻璃幕墙，美观是美观了，但随之而来的是玻璃幕墙的清洁问题。实际上，不但清洁玻璃幕墙需要高空作业，其他还有许多需要高空作业。如果用人来清洗，一是很辛苦，二是有一定的危险性。爬壁机器人应运而生，用机器人代替人在竖直平面上工作，既避免了危险性，又能提高工作效率。对爬壁机器人的技术要求是：既要能牢固地吸附在壁面上，又要能行走移动，这是爬壁机器人必须具备又相互矛盾的两项功能；其次，由于墙（或罐壁）不可能是完全光滑的，总会有凸起和沟缝，因此要求机器人有跨越的功能；壁面一般都很高，要求机器人能够做到遥控；适应高空、室外工作的特点，要求机器人的执行机构（如清洗机构）和控制机构做到重量轻、体积小。

1993年，日本研制的负压吸盘爬壁机器人首次亮相，一座几十米高的大楼突然起火，当时，要用消防队员上去营救已十分困难，于是，用机器人沿着高楼外墙上去调查火情，利用负压吸盘在高墙上自由移动，进行营救和灭火。2000年6月，哈尔滨工业大学研制的清洗机器人CLR-2已在北京国贸大厦、洲际大厦试用成功。机器人与清洁工协同工作，负责高楼表面清洗工作。它以每秒2～10米的速度沿楼面灵活移动，进行喷雾、刷洗，用多层橡胶板刮洗等高效清洗工作，相当于8个熟练工人的工作量。机器

人体积相当于脸盆大小，质量为23.2千克，能爬高70米。

北京航空航天大学为北京西客站研制的高层建筑擦窗机器人，由机器人本体和地面支援小车两部分组成，本体采用十字框架结构，由两个交叉气缸组成，使机器人可以沿X、Y方向移动，Z向导向气缸用于提升底面

擦窗机器人

的8个真空吸盘，通过吸盘的交替升降和吸附，结合X、Y气缸的移动，使机器人在玻璃表面上一步一步地行走，该机器人能感知识别窗框等障碍物，并自主决定越障。地面支援小车则负责控制，且负责供电、供水及回收污水的工作。

美国一家名为SRI的机构研制出可沿垂直墙面爬行的特殊机器人。研究人员使用的称为"柔性电子附着"的技术，可让新型机器人借助静电产生的吸引力在垂直的墙壁上爬行。这种新型机器人可沿垂直的用混凝土、木头、铁、玻璃制成的墙壁及不涂泥灰的石墙和砖墙爬行。即使存在着大量的灰尘和垃圾也不会给机器人带来麻烦。这种机器人甚至能够在废墟中靠着墙壁爬行，一旦实用化后将可用来进行救援，探寻受灾人员。但是如果攀爬表面潮湿，机器人的攀爬会比较困难一些。

以往在设计会攀爬的机器人时，研究人员一般都是使用微纤维设计来模仿壁虎脚上的刚毛来产生黏着力。与此不同的，SRI机器人的工作原理是，在墙面上诱发静电电荷，机器人本身产生相反的电荷，以此形成

攀爬在墙壁的机器人

墙面与机器人的吸附力。SRI 机器人具有的优势是,这种吸附力可随时关闭,从而使机器人的运动更加简单。它还能使机器人的吸附表面自清洁,从而避免表面的灰尘和污垢对机器人的阻滞。实验表明,该机器人能在每平方厘米的接触面产生 1.5 牛顿的附着力。

以爬壁机器人为技术基础的大楼清洗机器人也已经问世。爬壁机器人有负压吸附和磁吸附两种吸附方式,大楼擦窗机器人采用的是负压吸附方式。随着高空作业的日益增多,爬壁机器人的应用和发展空间也必定日益加大。

娱乐机器人

娱乐机器人包括机器人运动员(如机器人足球、机器人相扑等)、机器人音乐家、机器人动物(如机器狗、机器猫、机器鱼、机器昆虫以及机器古生物等)等。在娱乐机器人一族内,目前除了机器人运动员的形貌不具有人的形貌外,其他各种基本上与其仿照者形貌相似。如音乐机器人,其形貌很像我们人类,或唱、或舞、或演奏,活灵活现、栩栩如生,真可谓惟妙惟肖,以假乱真,深受人们的喜爱。

■宠物机器人

由东京电子通信大学机械控制工程系研制开发的一种呢绒玩具狗能够表达简单的情感。这种机器人的前肢、耳朵和嘴巴都可以用来表达情感,例如兴奋、愤怒和吃惊等。该机器人的形状像一只呢绒玩具狗,携带很方便,它的腿、耳朵、

宠物机器人

脖子、嘴和尾巴都能活动。腿、脖子和耳朵都能向四个方向活动，嘴和尾巴能向两个方向活动。为了能和人保持一种亲昵关系，这种机器人采用了无线形式并装有两个触摸传感器，通过触摸的方式与人进行通信，将人的要求传递给机器人。在这种机器人的眼睛和头顶还装有音响报警灯，能表达许多其他的情感。

研究人员为这种机器人编程，使它在表达不同感情时有不同的反应，高兴时，机器人就摇动它的腿；愤怒时，它的眼灯就会发亮，身体颤抖。实验表明，10~20多岁的人绝大多数能辨别出机器人的这些情感。辨别高兴时情感的准确率为89%，辨别愤怒情感的准确率为79%，辨别叫喊情感的准确率为67%。

"Paro"是由日本产业技术综合研究所（AIST）开发的具有高级智能系统的宠物机器人，"Paro"最主要的特点是可以对人的触摸产生交互的反应，达到安慰人的目的，从而起到治疗的作用。

■ 图与文

海豹型机器人"Paro"有着温柔的外表，因其有着卓越的娱乐性，被吉尼斯世界纪录誉为"世界上最具治疗功效机器人"。

"Paro"不仅表情丰富，还能做伸展身体、眨眼睛等小动作，更重要的是，它对人动作的反应极其灵敏：当你抚摸它的背或头时，它会表现出喜悦；当你无视它的存在时，它则会委屈地表现出愤怒；你抱它在怀里的时候，它柔软的身体让你倍感温馨；你抚摸它身体的时候，它会调皮的扭动与你嬉戏。

Paro 的设计者将 Paro 设计成海豹的外型。然后在它的外皮底下设计安装了若干用于触觉、听觉、视觉和姿势感应的传感器。通过安装在头、背、尾巴和腹部等处的触觉传感器，Paro 可以感受到主人在不同部位的触摸，然后根据内部程序便可以判断主人的意图。比如说，如果主人轻轻的抚摸它的头或者背，它就会觉得主人对它是充满爱怜的，因此流露出喜悦的神情来。通过听觉传感器，Paro 可以感受外界的声响以及辨识主人的声音和命令，如果听到巨响，它会表现出惊恐状，如果听到主人的声音，它也许就会摇着尾巴表示欢迎。Paro 的视觉传感器其实是一个小小的可以转动和眨动的摄像头，它是 Paro 的眼睛也是它心灵的窗户，高兴的时候，它可以发出兴奋的光芒，或者朝你调皮的眨眼，愤怒的时候他会把发着红光的眼睛瞪得大大的或者干脆闭上眼睛低着头不理你。Paro 眼睛里发出的各种光是通过调节藏在里面的特制的发光二极管来完成的。

憨态可掬的 Paro

Paro 对自己身体状态的判断是通过身体内部的姿势感应器来完成的，这样它就可以知道自己是被人抱着了还是被人放翻在地上了，然后决定要不要扭过来或者是爬起来。

Paro 所有的动作则是通过体内的七个驱动执行器来完成，包括身体的扭动、抬头、眨眼、伸懒腰和爬行等等。而 Paro 的处理系统则是先通过上述的各种传感器来收集外界的状态（主要是主人的动作和触摸），接着根据以前积累的经验和预先设计好的算法来决定自己应该作出的反应，然后通过驱动机构产生各种动作将自己的喜怒哀乐表达出来。

Paro 曾经在日本筑波大学的附属医院开放给病人使用。它一眨一眨的眼睛，可爱的脸庞，和灵活的动作使得许多病童乐于和它玩耍；不少病童病情因此而减轻，胃口和语言能力也有进步。也有许多老人由于受到 Paro 的鼓舞，社交能力也日渐恢复。

Sony 娱乐机器人美国分公司为 Aibo ERS－210A 和 ERS-210 两款机器狗植入识别应用软件。该软件使得机器狗能够识别主人的名字、声音和面貌，并且可以自动充电，这样使得宠物机器狗更加真实。

机器人

植入识别应用软件的 Aibo 机器狗记录了主人的名字、声音和面貌特征后,可以在人群中找到自己的主人。当它听到主人的声音或者看见了主人的面貌,就会表现很亲密的样子。这种机器狗有很多种表情,包括高兴、兴奋、惊奇和愤怒。

当 Aibo 能量不足的时候,它可以自己寻找充电站进行充电。充电完毕,Aibo 就可以自我启动,然后离开充电器。

风靡全球的高智能机器人宠物 PLEO 小恐龙,曾吸引了无数人的眼球。PLEO 小恐龙是一款外型为恐龙的机器人,只要通上电源,这个小宠物就可以自己行动,还可以通过对周围环境的学习实现成长。

PLEO 小恐龙最外层由柔软的材质构成,能够用表情来表达自己,可以感受到喜悦和悲伤、生气和烦恼,还会打呵欠、叹息、抽鼻子、打嗝、咳嗽、打嗝。

PLEO 小恐龙能自动避开障碍物,不会从桌子边缘掉下,当它走到桌子

PLEO 小恐龙在进食

尽头的时候,它的塑料腿脚似乎是感受到了空气与实地的不同,于是,它缓缓地转过头来,口中发出了一阵低沉的叫声。只要主人回到家,这个小宠物会对主人摇头摆尾,顺着它的毛摸,它会高兴得摇尾巴,会打喷嚏、打哈欠,搔它的背,它还会 180° 回过头来,看是谁在跟它玩。PLEO 小恐龙会对语调反应,遇主人大声喝斥,它会委屈的低头垂尾;如以温柔轻抚,PLEO 小恐龙会高兴摇尾;如把手放向 PLEO 小恐龙嘴巴,它会轻轻咬住。更令人惊叹的是这个小宠物还能识别同类!两个或多个 PLEO 小恐龙还会彼此认识并相互发送信号,它们能辨认同伴,彼此交谈。需要注意的是,这个小宠物刚买到的时候"智商"很低,要经常触摸它的背部、腿部、尾巴、

脖子（这些部位都有传感器），激活一些功能，"智商"才会提升，变得越来越聪明。

日本索尼公司研制开发出一款小型双足娱乐型机器人SDR-4X原形机，该机器人可根据家中环境的变化调节自身行为，不仅可以识路辨人、存储信息，还可跳舞、唱歌，与人类进行更丰富的交流。

SDR-4X由于安装了多种传感系统、行为控制软件以及灵活的机械行走装置，牵引其每个关节，因此，SDR-4X行走更为流畅。新型的综合适应控制系统可以通过各路传感器采集到的信息，对机器人身上的38个关节进行实时控制，使其在坎坷路面上行走自如。通过姿势平衡系统抵御外界压迫，能根据环境变化调整运动步伐，如前行或拐弯，它的双手各有5只灵活的手指，灵活的关节控制还可使其在自身跌倒时将损害降低到最低程度。

■图与文

由于安装了多种传感系统、基于记忆和学习的行为控制软件以及灵活的机械行走装置，SDR-4X可以与人类进行更丰富的交流。

另外，SDR-4X的双CCD彩色摄像头可进行影像识别，如判定目标方位，确定接近目标的路线，识别10多个人的脸部特征。除此之外，SDR-4X身上还安装了带有记忆功能的交流和运动控制系统。通过内置无线局域网，机器人可以与电脑相连接并获取同步数据，识别众多词汇。如果主人将音乐和歌词输给它，它就可动情地唱出美妙的歌。若主人通过其内置的软件系统与电脑连接，设计一系列动作，如舞蹈，SDR-4X还能做出复杂而人性化的动作。

■鱼形机器人

同样在水中运动，轮船需要依靠螺旋桨的划动才能前进，而鱼类仅靠扭动身体，便能在水中悠闲地游来游去。能不能想出办法，让轮船像鱼一

样在水中依靠扭动"身体"就能前进呢？北京航空航天大学机器人研究所研究出一条长0.8米的机器鱼，这条机器鱼在一项全新的仿生学研究成果——波动推进下，顺利实现了不用螺旋桨就能前进的设想。

鱼形机器人

鱼体是一个平面6关节机构（即有6节鱼身），包括鱼头和鱼尾两个部分。鱼头是利用玻璃钢制作的，仿造鲨鱼外形的壳体。整个鱼的动力电池，控制接收部分都放在鱼头里。鱼尾的6个伺服电机扭转摆动作为推动器。该机器鱼重800克，在水中最大速度为每秒0.6米，能耗效率为70%至90%，控制上采取的是计算机遥控的方式。在各种演示游动的场合中，机器鱼以其逼真的游动形态，吸引了很多人前来围观，许多人都误以为这是一条真鱼。

研究者正在向纵向研究，希望能够使机器鱼更具智能化，以便让多条机器鱼组成群体进行自我协调游动，时而像大雁一样排成"一"字形，时而排成"人"字形。

机器鱼不但具有观赏性，还可应用于海洋资源勘探、执行军事任务和帮助维护海上石油设施等领域。

■ **书法机器人**

我国的书法艺术闻名遐迩，海内外知名，到目前为止，我国书法艺术的传播、继承与发展主要是通过对前人的笔迹进行学习和模仿来实现的。通过分析可以发现，不同的字体（如楷书、行楷及魏碑等）的书写技巧都有其固有的规律性可供遵循。在数字化技术飞速发展的今天，完全可以对书法的书写技巧进行适当的数字化处理，将古老的书法艺术与能够集中体现现代高新技术的机电一体化产品——机器人完美地结合起来，利用机器人控制毛笔的空间运动，从而实现机器人书法。

目前已经研制出来的一种书法机器人系统主要由以下部分组成：（1）机器人本体；（2）机器人控制器；（3）型号不同的毛笔若干支，连续打印纸、墨汁、印泥和印章等附件；（4）上纸和切纸机构；（5）机器人书写平台；（6）电源。

这种书法机器人系统具有一个十分友好的，用VB来实现的用户界面，以便参观者，特别是中小学生参观者能够顺利地进入和操作该书写系统。该用户界面不但有很清晰的界面，同时还有语音提示。

对于书法机器人系统来说，书法字库的建立是一项十分关键的软件工作，它直接影响着机器人书写的质量。我国的常用汉字有近 10 000 余个，在建立字库时，不可能对每一个字，每一个字体单独编程，为此，研究人员首先对汉字的构架进行分析和分类，将常用汉字拆分为基本笔画和基本部首，然后对每一个具体的笔画，针对不同的字体风格，编写具有标准尺寸的机器人书写笔画程序，并作为一个笔画类模块或子程序存储。该笔画类模块或子程序留有调节字体大小的参数或成员函数，以便根据不同的尺寸要求自动进行缩放。其次，对某一字体的常用部首，根据已经编写的相应笔画程序，构建成一个个独立的部首类模块或子程序，以方便对整字的后续编程。同样，部首类模块或子程序也有调节字体大小的成员函数或参数。最后，针对某一字体中的某一具体的汉字，通过调用已经编制完成的相应的笔画和部首类模块或子程序可以构建出该字，该字的大小仍由成员函数或参数来调整。

通过这样的编程，既可以大大减少编程的工作量，又具有组字的灵活性。若要添加新字，只需要用已知的笔画和部首进行适当的组装即可。

书法机器人系统启动后，参观者在语音的提示下，通过电脑屏幕选择要求机器人书写的内容。参

书法机器人现场表演

观者可以选择不同的文字或者诗句,同一个文字又可以选择不同的字体,如:楷书,隶书,草书等。按下"确定"后,机器人根据参观者所选择的书写字数的多少,自动确定字体的大小和版式(横排或竖排),以便能够完整、合理和美观地书写所选文字。然后,机器人根据字体的大小从笔架上选取相应型号的毛笔,并沾上墨,润笔。同时,上纸输送系统自动上纸,将空白纸输送到书写位置。然后,机器人模仿人的书写方法开始书写。在书写过程中的适当时候,机器人能够自动完成润笔等动作。

在完成作品后,书法机器人收笔并将毛笔放回毛笔架上,然后抓取印章,为所书作品盖章。上纸输送系统自动走纸,烘干墨迹,切纸,并将作品从出纸口送出。在表演的整个过程中均为自动运行,无需人工的帮助。

■雕刻机器人

雕刻机器人电脑雕刻系统集扫描、编辑、排版、雕刻诸功能于一体,是 CAD/CAM 一体化的典型产品,能方便快捷地在各种材质上雕刻出逼真、精致、耐久的二维图形及三维立体浮雕。该机器人运用多轴联动控制、轨迹插补、离线编程等机器人相关技术,并采用了 PCNC 硬件结构和控制软件,可

雕刻机器人在现场表演

应用于模具(如轮胎模具)图文雕刻及广告标志、工艺美术制作。

■机器人足球赛

最早的机器人足球赛是 1996 年 5 月在韩国大田举行的韩国国内比赛,1997 年,在国际人工智能系列学术大会——第 15 届人工智能联合大会上,机器人足球赛被正式列为人工智能的一项挑战,机器人足球竞赛的目标被设定为:2050 年战胜人类冠军队!

机器人足球赛与人类足球赛相似,也有一套比赛规则,判别胜负也是

要把足球打进对方的大门，也有判罚点球、任意球和加时赛等，所不同的是运动员是自主机器人，教练不得现场指挥。

我们以微型机器人足球赛为例，介绍机器人足球赛的有关情况。比赛中有4个硬件子系统，分别是：

视觉系统：将场上的图像信号经处理传给主计算机，相当于教练员的眼睛。

通信系统：发送指挥命令到运动员，相当于教练员的喇叭。

决策系统：装在主计算机中，判断场上形势，发出指令。相当于教练员。

机器人小车：按主机命令调整左、右轮转速，相当于运动员。

机器人足球赛

在整个比赛过程中，4个系统以每秒二三十次速度运行，任何人不得干涉，由"运动员"自主完成攻守、射门、得分。

比赛时，在球场上空高约2米处悬挂双方的摄像机，把整个场内的战局传入计算机，再由计算机内预装软件做出决策，通过无线电通信把指令传给各自的机器人运动员，场外的教练和研究人员不得干扰。

1997年，东北大学徐心和教授参加国际会议，参观了韩国的机器人足球赛，并了解到这项活动在各国科技界影响日趋增加，感到作为中国的科技工作者，一定要把中国的足球机器人搞上去，回校后，在校领导支持下，成立了课题组，苦干了半年，建立起我国第一支机器人足球队的软、硬件系统，足球队以东北大学英文校名缩写——NEU前面加上个NEW组成"NEW NEU"谐音"牛牛"为名。

1998年8月，在巴西坎皮纳斯举行了第四届世界杯机器人足球赛，参加这次比赛的都是4个大区预选赛选出来的，包括世界强队韩国（3支队伍）、巴西（3支队伍），我国是由东北大学的"牛牛"队和香港城市大学队出征。

这次比赛分为微型机器人足球赛、超微型机器人足球赛和标准动作机器人足球赛3项。在"牛牛"队参加的微型机器人足球赛中，我国首战巴西队。事先，巴西队作为比赛的主场，占据天时、地利的条件，夺冠呼声很高。在比赛快要结束时，我队仍以2∶4落后，就在这时，我方明星机器人"STAR"临危不惧、发起进攻，接连两次怒射，连中两球，把比分扳平，进入加时赛后，"牛牛"队乘胜追击，又进1球，首战告捷。

微型机器人比赛，共有11支队伍参加，"牛牛"队两胜一负，以小组第二名出线，复赛中一胜一负，最终获得第五名。

更令人鼓舞的是：在这次设置的标准动作比赛中，"牛牛"队获得金牌。所谓标准动作包括：机器人在一定时间踢球；在规定时间内射门；一个传球，一个射门。由于牛牛队动作准确，最后以21分夺冠，赛前呼声最高的韩国队只得了2、3、4名。

鉴于中国队在第四届、第五届世界杯赛中取得的成绩，证明我国具备一定的科技实力，经机器人足球联盟多方研究，终于击败英国、丹麦、新加坡等竞争对手，取得2001年第六届世界杯机器人足球赛主办权。

2001年8月我国在北京中国科技馆成功地主办了第六届世界杯机器人足球赛，有9个国家40支队伍参赛，我国作为东道主，战果辉煌，最终取得9个项目中的8项冠军。

时至今日，机器人足球赛已经举办了多届，随着机器人技术的进步，机器人比赛也精彩不断。

■机器人排球赛

继世界各地相继举办了几届机器人世界杯足球赛之后，英国又首先举办了机器人排球赛。它与机器人足球赛的一个重要不同之处在于，参加排球赛的机器人无需别人操纵，一切行动都是自主的，就这一点而言，它比机器人足球赛进了一步，是机器人技术追求的更高目标。

据报道，有5支球队参加了首届机器人排球赛。每支球队均由两名队员组成。与普通排球赛不同的是，机器人排球赛的球不在空中传递，而在地上滚动。开赛后，机器人队员一般都能毫无困难地发球，但是回球的成功率却非常低。按规则,如果不能在 60 秒钟内把球推回到对方一侧,就会被判失分。

机器人球赛的技术难点是如何使两名队员密切配合好。在都柏林三一学院与曼彻斯特大学的一场比赛中,三一学院队的后卫把球沿着墙壁向前推进,而另一名队员则把球拣起掷向对方场地,并能以相当漂亮的拦截动作来挡住对方的回球,从而很快赢得了胜利。比赛中,双方叫过多次技术暂停,曼彻斯特队的一名选手曾跛着脚离开赛场。在另一场比赛中,无意的犯规动作使爱尔兰队在第一局中遇到麻烦,它们的红外线探测器由于受到干扰而出现了故障。

这些参赛的机器人都是用电脑化玩具组件组装起来的,内有 64K 的计算机存储芯片。是分别用来控制声音、红外线和触觉传感器的。

1990 年在英国的格拉斯哥举行了第一次国际机器人奥林匹克运动会,当时有 11 个国家派机器人"选手"参加。日本筑波大学研制的"山彦 9 号"机器人,由于能越过障碍而无需停顿,结果荣获金牌。

■机器人相扑赛

在日本,相扑运动非常受民众欢迎,是深受日本民众喜爱的一种体育运动,正是出于对相扑运动的喜爱,机器人相扑也应运而生,且很快风靡日本。日本于 1990 年 3 月举行了第一届机器人相扑大会,大会举办的相当成功,于是同年 12 月又举行了第二届机器人相扑大会。自次年起,机器人相扑大会定于每年的 12 月举行。

机器人相扑比赛的规则要求机器人的

图与文

相扑运动的历史可追溯至 1500 多年以前。它起源于日本古代的预卜丰收的传统仪式,经过不断演变延续至今,对日本人的生活产生了重要影响。近年来随着机器人技术的进步和机器人科普活动的开展,人们将相扑这种运动形式与机器人技术结合在一起,导致了机器人相扑活动的兴起。

长和宽不得超过20厘米,重量不得超过3千克,对机器人的身高没有要求。机器人的比赛场地是高5厘米,直径为154厘米的圆形台面。台面上敷以黑色的硬质橡胶,硬质橡胶的边缘处涂有5厘米宽的白线。这种以黑白两色构成边界线的比赛场地便于相扑机器人利用低成本的光电传感器进行边界识别。相扑机器人使用的传感器有:超声波传感器、触觉传感器等。由于竞技过程是双方机器人"身体"的直接较量,其气氛紧张、激烈程度不亚于真人比赛。

机器人相扑比赛的规则比较宽松,这无疑给参赛者留有较大的发挥空间。比如,为了防止被对手推下赛台,有的相扑机器人采用了必要时可将自己的底部吸附在比赛场地的方法,有些机器人还靠这个办法战胜了对手。

■歌手"帕瓦罗蒂"

美国特种机器人协会曾举办了一场别开生面的音乐会,演唱者是世界男高音之王"帕瓦罗蒂",这位"帕瓦罗蒂"并不是意大利著名的歌唱家帕瓦罗蒂,而是美国依阿华州州立大学研制的机器人歌手"帕瓦罗蒂"。

歌星帕瓦罗蒂

演出开始,"帕瓦罗蒂"身着黑白相间的礼服,大大方方地走上舞台,手里拿着他演唱时喜欢挥舞的白手绢。当他放声高歌时,不仅唱出了两个8度以上的高音,而且被歌唱家们视为畏途的高音C他也能唱的清脆圆润具有"穿透力"。演唱完毕,应听众的要求和提问,"帕瓦罗蒂"还作了自我介绍和回答提问。机器人歌手的回答诙谐幽默,妙语连珠。他的语调声音,用词造句与帕瓦罗蒂如出一人。当一位崇拜者递上一张帕瓦罗蒂的照片时,机器人"帕瓦罗蒂"习惯地在照片的左上角一丝不苟地写下了他的大名"Pavarotti",其笔迹与真帕瓦罗蒂的笔迹毫无二致。

机器人"帕瓦罗蒂"之所以表演的如此逼真,是因为事先机器人制作者将帕瓦罗蒂演唱时胸腔、颅腔和腹腔内空气振动的频率、波长、压力及空气的流量等数据用先进的电脑系统进行"最逼真的模拟",然后再进行输入进机器人系统。

■中国科技馆中的机器人

中国科技馆新馆位于北京国家奥林匹克公园中心区内,南侧距"鸟巢"一箭之遥,占地4.8万平方米,建筑规模10.2万平方米,其常设展览包括"科学乐园"、"华夏之光"、"探索与发现"、"科技与生活"、"挑战与未来"五大主题展厅和公共空间展示区;以及宇宙剧场、巨幕影院、动感影院、4D影院等四个特效影院。

中国科技馆新馆

中国科技新馆中有一个非常奇妙好玩的的机器人大世界,奇妙好玩在哪儿?首先看看机器人乐队。机器人乐队指挥是一个仿人形机器人,它手持指挥棒正在指挥乐队演奏。机器人乐队一曲接一曲地演奏着各种乐曲,很多观众在机器人乐队前流连忘返。再看看机器蚂蚁。在一个很大的圆形槽子里喂养着两只具有"人工生命"和"人工感情"的机器蚂蚁,它们是尖端的全自主生物机器人。"蚂蚁的一天"演示了蚂蚁的生活习惯。饿了,它们开始寻找食物,找到较大的食物,自己推不动就叫伙伴来一起推。寂寞了,会寻找伙伴一起玩。另外通过选择键盘上的按钮,还可以让机器蚂蚁表演节目。"蚂蚁的一天"运用了机器视觉、群体协调通用行为结构等先进技术。机器蚂蚁可以自己寻找电源自动充电。据专家介绍,将来的昆虫机器人可以应用于外星探险、科学考察、排雷排弹、军事侦察等。再看机器人投篮球。机器人不但会投篮球,

而且投的非常准。投篮球机器人采用的就是普通的工业机器人,科技人员为它在臂端装上一个可以抓球的手,再编好投篮程序就可以了。机器人还可以与观众进行比赛。很多小朋友与机器人进行了比赛,赢的非常少,两个小朋友投了5个球,一个未中;而机器人投了5个球,却中了4个。然后观摩一下机器人舞台,机器人舞台上有两个机器人在表演。一个机器人问:"你有什么本领?""我会舞太极剑,"另一个机器人回答。说着这个机器人就表演了一套太极剑,让观众大开眼界。另一个机器人看完了太极剑也不甘示弱,玩起了它拿手的把戏——耍陀螺。先将一个陀螺拈转,然后又将另一个陀螺放在第一个陀螺上。说话行走机器人可以与观众简单对话,还可以躲避障碍物。由于受到语音识别技术的限制,机器人还不能像我们想象的那样自如地与大家交谈。该机器人是由行走机构、环境信息识别系统、语音识别系统、语音合成系统、电源系统和机器人外壳几部分组成。在它身上装有各种传感器,用来探测和识别在行走过程中遇到的障碍。语音识别系统可以通过无线话筒识别观众的问题,然后通过语音合成系统回答观众的问题。机器人通过传感器获得周围环境的信息后,自动判别并进行避障、前进。同时,机器人配有遥控操作器,工作人员可以通过遥控操作指挥机器人走到指定地点。

对于机器龟,你可以尽情地给它出难题,随心所欲地设置迷宫形式,不论迷宫形式怎样变化,机器龟都能通过不断探测找到终点,而且还能记路,沿着探测到的正确路线返回到出发点。

■图与文

中国科技馆新馆展出的由北京理工大学智能机器人研究所研制的仿人机器人。图为仿人机器人正在进行太极拳表演。

机器龟穿越迷宫的过程,展示了全方位行走和路线识别技术。机器龟由行走机构、导向及障碍探测器、控制系统组成。它由电瓶供电,可完成前进、后退、斜行、横移、转弯等动作。

医用机器人

■机器人医生

我国在 20 世纪 70 年代末 80 年代初由中国科学院自动化研究所和北京中医研究所共同开发的计算机诊疗系统，实质上就是"机器人医生"。它把著名中医关幼波的丰富医疗理论和宝贵临床经验结合起来，集中储存在系统软件中。使用时，通过输出系统将诊断、处方、医嘱、假条等直接用汉字打印出来。

人体的股骨与髋关节窝连接的关节头是圆形的，而且光滑，中间有软骨垫着，一旦发生病变则关节头会变形，而且凹凸不平，时间长了，还会有磨损的软骨碎片，治疗的办法是更换髋骨，通常是先切开几寸厚的肌肉，再用锤子、凿子在股骨上开孔，以便放入金属植入物。

在美国加利福尼亚州萨克拉门托市萨特总医院，巴格医生在给患者做更换髋骨的手术，在切除股骨顶部之后，却没有用锤子、凿子打孔，而是叫来了他的机器人助手，这个助手约 7 英尺（约 2.1 米）高，长着一个单臂，臂上装有钻孔装置，在巴格医生指导下，几分钟后，机器人在患者股骨上精确地钻出一个小孔，然后，巴格医生为病人植入人工髋骨，在小孔处与股骨配合。

在这个手术中，植入物与患者髋骨是否匹配是个关键问题，以前，有时到了手术室现场发现不匹配，只好临时更换，而机器人系统中采用了计算机技术，医生可以在屏幕前，将不同型号、尺寸的植入物与患者髋骨图像相比，充分选择更为匹配的植入物。这是世界上机器人医生在人体上完成的第一个外科手术。

膝关节关系到人体的支撑、行走等功能，是人体的重要关节。然而由于频繁活动，造成有膝关节病症的患者很多，给患者带来巨大的痛苦。较

为根本的解决的办法就是施行膝关节置换手术。

2000年以色列施哈姆教授研制成小型外科机器人,独立完成了人体膝关节置换手术。手术时,医生先对患者进行X射线断层扫描,然后将图像输入计算机,然后手术的实施全由机器人进行。机器人安装了压力传感器,防止手术中机器人施力过大。为保证万无一失,手术过程由旁边的医生监控,必要时可以转换成人工控制。

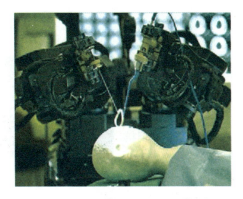

神经外科手术机器人正在进行手术训练

美国医疗器械厂家发明制造了可以为患者摘除胆囊的机器人。该机器人包括控制台、内镜和切除结扎系统,机器人的3个机械手臂臂端都有灵活的手腕,可以使用各种手术器械。施行手术时,医生利用电脑屏幕观察,遥控内镜和切除结扎系统工作,便可迅速安全地摘除胆囊。

在医院,打针通常是由护士来完成的。如果是静脉注射,经验不足的护士,往往给患者扎好几个眼儿,还找不到静脉血管。那么在生物工程中要给直径和厚度只有几微米的细胞注射,难度就可想而知了,即使是训练有素的实验人员,由于操作时自身生理因素(诸如疲劳、情绪、抖动)的影响,成功率也只有百分之一,因此,显微注射成了阻碍生物工程发展的一个关键技术,也是个薄弱环节。我国南开大学的研究人员,于2000年研制成了一种面向生物工程的微操作机器人系统,它是全自动化操作,为世界首创,只要点击鼠标,就可以自动给几微米直径的牛肺细胞打一针,1分钟之内就可以完成基因转化。

脑外科机器人是目前可以从事脑外科手术的机器人。它的辅助系统是由北京航空航天大学、清华大学和海军总院共同研制开发的。1997年5月用该机器人为病人实施了首例开颅手术,至今已经成功为几百名患者实施了手术。2000年11月在北京举办"中美医用机器人临床应用学术交流会"。

科学 第一视野 | KEXUE DIYI SHIYE

■ 图与文

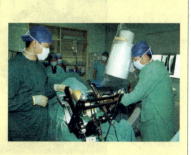

脑外科手术以其风险大、难度高著称。多年专业训练和临床实践，造就了外科医生们精确、稳定的双手。但即使如此，也难与手术机器人的"手臂"相比。

15日上午，美国心外科机器人和我国脑外科机器人分别实施临床手术。消毒、在胸部打三个小孔、机械手伸入胸腔。来自美国的机器人开始对59岁的患者进行冠状动脉搭桥手术。这种名叫"伊索"的机械手臂伸入到胸腔内，随着医生"上、下、左、右"的指令在0.2至1厘米的范围内移动，寻找用于搭桥的乳内动脉。传统手术中取乳内动脉要用45分钟，而利用机械手臂只要15分钟左右就可以完成。而且由于借助机械手臂上的内窥镜，医生的视野更清晰，可以在手术图象上直接操作，这次在病人胸部的切口只有5厘米。轮到我国机器人为61岁的患者进行脑部的"活检"。原来至少要用半天时间才能完成的手术，现在机器人30分钟就完成了。

我们都知道，纳米是很小的长度单位，它是1米的十亿分之一（1纳米$=10^{-9}$米）。纳米机器人其直径就是以纳米为单位的。这种机器人由黄金和多层聚合物制成，样子像人的手臂，有灵活的肘部和腕部、2～4个手指，经专家实验，目前用这种机器人能捡起人眼看不见的玻璃球。设计者的意图是让它在人血管中游弋，专门除血管壁上的沉积物，减少人们心血管病的发病率。专家还希望用类似的机器人进入人体组织间隙清除癌细胞，这样，就可攻克人类两大病症——心血管病和癌症，以造福人类。

瑞典科学家发明了一种如英文标点符号般大小的机器人，将来能用它来移动单细胞或者用以捕捉细菌，进而可在人体内进行各种手术。瑞典林可平大学的贾格尔说，这种超微型机器人的高度比一个破折号还短，宽度比英文中的句号还窄，它的实际高度是0.024厘米。贾格尔领导的研究小组在几项实验中已利用这种机器人把肉眼看不见的玻璃珠捡起来移到别处。

超小型机器人有些像人类的手臂，是由许多层聚合物和黄金做成的。目前这种机器人只能停留在一个地点，但贾格尔说，这种机器人将来能够自主移动。这种机器人有可以伸缩的肘部和腕关节，研究小组做了几款不同类型的超微型机器人，手指从两个到4个不等。

贾格尔教授还指出，最重要的是，这种机器人能在血液、尿液和细胞培养基等液体中正常运作，这表明，将来可把它用在生物科技中。

意大利科学家研制出一种机器人内窥镜，能够像绦虫一样蠕动，用来进行结肠内部检查，不会造成任何痛苦。

新发明的这个机器人叫"埃米尔"，可以像尺蠖一样缩短和伸展地移动。这个小机器人看上去像一个蛾的幼虫，不足2厘米宽，最长可以伸至20厘米，最短缩为10厘米。"埃米尔"身上装有一个微型摄像机和小发光二极管，用来寻找是否有癌细胞。它由计算机控制，身上有导线与微机相连。科学家希望它未来能够自己在结肠内寻找路线前进。

我国浙江大学研制成功一种无损伤医用机器人。该无损伤医用微型机器人主要应用于人体内腔的疾病医疗。它可以大大减轻或消除目前临床上广泛使用的各类内窥镜、内注射器、内送药装置等医疗器械给患者带来的严重不适及痛苦。

这种无损伤医用微型机器人具有三大特点：一是此种微型机器人能以悬浮方式进入人体内腔（如肠管、食管等），这样可避免对人体内腔有机组织造成损伤，从而可大大减轻或消除患者的不适与痛苦；二是此种微型机器人的运行速度快，而且速度控制方便，这样可缩短手术时间；三是此种微型机器人的结构简单，加工制造方便。

拥有一口完好的牙齿对健康有多重要不用多说，然而随着人年龄的增长，牙齿将会出现松动脱落。全口牙齿脱落的患者，称为无牙颌，需用全口义齿修复。人工牙列是恢复无牙颌患者咀嚼、语言功能和面部美观的关键，也是制作全口义齿的技术核心和难点。传统的全口义齿制作方式是由医生和技师根据患者的颌骨形态靠经验，用手工制作，无法满足日益增长的社会需求。由我国科学家研制成功的口腔修复机器人可以弥补这一缺陷。这是一个由计算机和机器人辅助设计、制作全口义齿人工牙列的应用试验系统。该系统利用图像、图形技术来获取生成无牙颌患者的口腔软硬组织计算机模型，利用自行研制的非接触式三维激光扫描测量系统来获取患者无牙颌骨形态的几何参数，采用专家系统软件完成全口义齿人工牙列的计算机辅助统计。基于机器人可以实现排牙的任意位置和姿态控制。利用口腔修复机器人相当于快速培养和造就了一批高级口腔修复医疗专家和技术员。利用机器人来代替手工排牙，不但比口腔医疗专家更精确地以数字的方式操作，同时还能避免专家因疲劳、情绪、疏忽等原因造成的失误。这将使全口义齿的设计与制作进入到既能满足无牙颌患者个体生理功能及美观需求，又能达到规范化、标准化、自动化、工业化的水平，从而大大提高其制作效率和质量。

如今，机器人在医疗方面的应用越来越多，比如用机器人置换髋骨、用机器人做胸部手术等。这主要是因为用机器人做手术精度高、创伤小，大大减轻了病人的痛苦。从世界机器人的发展趋势看，用机器人辅助外科手术将成为一种必然趋势。

■护士助手

发明第一台机器人的是享有"机器人之父"美誉的恩格尔伯格先生。恩格尔伯格认为，服务机器人与人们生活密切相关，服务机器人的应用将不断改善人们的生活质量。他发明的第一个服务机器人产品是医院用的"护士助手"机器人。

"护士助手"是自主式机器人，它不需要有线制导，也不需要事先作计划，一旦编好程序，它随时可以完成以下各项任务：运送医疗器材和设备，为病人送饭，送病历、报表及信件，运送药品，运送试验样品及试验结果，在医院内部送邮件及包裹。

"机器人之父"恩格尔伯格

"护士助手"机器人由行走部分、行驶控制器及大量的传感器组成。机器人可以在医院中自由行动,其速度为 0.7 米／秒左右。机器人中装有医院的建筑物地图,在确定目的地后机器人利用航线推算法自主地沿走廊导航,由结构光视觉传感器及全方位超

护士助手

声波传感器可以探测静止或运动物体,并对航线进行修正。它的全方位触觉传感器保证机器人不会与人和物相碰。车轮上的编码器测量它行驶过的距离。在走廊中,机器人利用墙角确定自己的位置,而在病房等较大的空间时,它可利用天花板上的反射带,通过向上观察的传感器帮助定位。需要时它还可以开门。在多层建筑物中,它可以给载人电梯打电话,并进入电梯到所要到的楼层。

■ 康复机器人

为帮助并提高残障人的生活质量,英国研制出"Handy I"康复机器人,这是目前世界上最成功的低价康复机器人。最早是针对一个患脑瘫的 11 岁男孩设计的,是用现成的机器人改进的,选用了 5 个自由度带手爪的 Cyber 机器人臂,人机接口是一个扩展了的键盘,也就是说男孩用键盘操作机械手臂,经过反复试验,男孩在机械手爪的帮助下,竟然独立地吃完了第一顿饭!这令男孩家长和机器人研制者惊叹不已。

在"Handy I"的基础上,研制者又研制出了 Handy II 型,通过一个光扫描系统,使用者可以在餐盘中选择食物,即把盘中食物分放到几个格中,从后面投来光线进行扫描,当光线扫描到用户想吃的食物时,只要按键启动 Handy II,一勺食物即会送到口中。原先 Handy I、Handy II 中的餐盘是放在一个托盘上的,为了扩展 Handy I、Handy II 的功能,生产了 3 种不同的托盘,即吃饭／喝水、洗脸／刮脸和化妆托盘,以适应用户的不同要求。

科学第一视野 | KEXUE DIYI SHIYE

■ 图与文

机器人辅助的行走训练是帮助因脑卒中、脊髓或大脑损伤、神经或骨科疾病引起下肢行走障碍的患者进行步态训练的设备。

部件多了就很复杂了,为此给这种机器人研制了一种新的控制器,它是以PC104技术为基础的。为了将来便于改进,设计了一种新颖的输入/输出板,它可以插入PC104控制器。它具有以下能力:话音识别、语音合成、传感器的输入、手柄控制以及步进电机的输入等。可更换的组件式托盘装在Handy1的滑车上,通过一个16脚的插座,从内部连接到机器人的底座中。目前该系统可以识别十五种不同的托盘。通过机器人关节中电位计的反馈,启动后它可以自动进行比较。它还装有简单的查错程序。

目前,在英、美、日、法、德等国家中有多位残疾人在使用"Handy I"或 Handy II 生活。

■ 妙手"赛罗"

一个正常人的大脑,是由120亿个神经原组成的。每一个细微动作,哪怕是眨眨眼睛、撅撅嘴巴,都要受大脑神经的控制,对于那些周密的思考,剧烈的运动,大脑神经更是像绷紧的琴弦,在全力以赴。可想而知,如果一个人的大脑里的某个部位长了一块大肿瘤,那将对他的身体产生多么大的危害!

1984年6月底,美国洛杉矶的长滩纪念医院里住进了一位病人。他是个工人,刚满40岁。半年前,他觉得头部不舒服。开始他以为是自己感冒了,可是除了头痛以外,没有别的症状。过后,头痛一天比一天严重。住院的前几天,还发生了昏迷、麻木等现象。长滩纪念医院以医疗各种肿瘤疾病闻名于美国。这位工人住进医院以后,经过一种称为"脑CT"的检查仪器检查,发现病人的大脑里面长了一个肿瘤,面积有一颗花生米那么大,

压在大脑神经的上边,所以病人感到头痛、昏迷和麻木。

诊断结果出来之后,就要尽快给这位病人做手术,否则肿瘤一天天长大,如果把脑血管压住,大脑就会因供血不足而坏死。给这位病人动脑手术的,是一位机器人,医院的医生们都叫它妙手"赛罗"。

医生根据病人的脑CT图,确定肿瘤的部位,然后在病人的脑壳上,做上一个手术的标志,再由"赛罗"来动手术。"赛罗"的手可以调整粗细,也可以调换不同的手术器械。

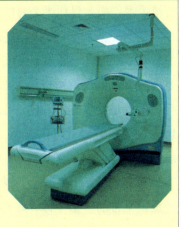

■图与文

CT是"计算机X线断层摄影机"或"计算机X线断层摄影术"的英文简称,是电子计算机控制技术和X线检查摄影技术相结合的产物。在医学上先用于颅脑疾病诊断,后于1976年又扩大到全身检查。

首先,"赛罗"用一根直径为0.5厘米的钻头,在病人的头骨上钻了一个小孔,然后换上了一把很细很细的小刀,从头骨上的小孔里伸进去,轻轻地把肿瘤从纵横交错的脑神经和脑血管上切剖下来。第三次,"赛罗"再换上一根吸管,把切割下来的肿瘤吸出来。

整个过程进行的细致、周密,没有半点误差。这一切都是"赛罗"的电脑在控制。

在"赛罗"手臂的肘子部位,有一架高放大倍数的显微摄像机。它把"赛罗"手下的情景和病人脑部肿瘤病灶区,放大20~50倍,然后在彩色电视屏幕上显示出来,供主治医生控制机器人的工作和进一步确诊病情之用。

这位病人在"赛罗"的"精心手术"下,只用了30分钟,就把大脑中那块花生米粒一般大小的肿瘤取了出来。

但是,根据"赛罗"摄下的彩色图像来分析,这位工人的脑肿瘤细胞已经扩散了一个小范围,面积约占整个大脑面积的1/10。如果不设法抑制这些肿瘤细胞的发展,它们还会在病人的大脑中重新长成大块的肿瘤。怎么办呢？还是找神手"赛罗"来帮忙。

这一回，"赛罗"的手上换上了一根只有0.1厘米的小钻头，在肿瘤扩散区的头骨上，分别在不同的地方钻了4个小孔，然后换上一根很细很细的管子，从管子里喷出一种放射性药物，涂到病人脑部的病灶区里。这样，每天喷涂一次，经过5～7天，脑肿瘤细胞就会慢慢地萎缩、消失。

由于"赛罗"钻的孔很小，因此头骨可以自己愈合，而不需要做头骨再植手术，病人只住半个月的医院就可回家休息了。

还有一些病人，大脑中长了肿瘤，但是并不大，只有绿豆那么大，有的有黄豆那么大。因为他们的病情发现得早，所以可以不做切除手术，只要做放射性治疗就可以使肿瘤自己消除。治疗的关键，是要对准部位。治疗过程也是由"赛罗"钻一个小孔，然后注入放射药物。钻一次孔，注入10余次药，肿瘤就可以收小，萎缩。一般经过2～3个疗程，就可以使肿瘤消除干净。

像这样的治疗方法，原来要算是大手术，而现在对"赛罗"来说，已经是很平常的一般手术。一般的情况下，"赛罗"只需要3～5分钟，就可以做一个，比一个有经验的脑外科医生要快5～7倍。

原来住进长滩纪念医院的脑肿瘤患者，要在住院一个星期后才能进行治疗，现在有了"赛罗"，住院后第二天就可以接受治疗了。对医生来说，也摆脱了整天繁重的手术，只要在一旁监视"赛罗"工作就行了。

"赛罗"的手虽然神奇，但是它目前还不能做其他的手术。机器人专家和脑外科专家，正在对它进行新的开发，不断教给它新的知识，还准备给它装上激光"手"，使它能够胜任更多的手术工作。

军用机器人

军用机器人分为地面军用机器人、水下军用机器人和空中军用机器人。

地面军用机器人就是在地面上使用的、可代替陆军战士执行任务的机器人。这种机器人一般应具有可移动性。所以，至今各国研制和使用的地面军用机器人，主要是智能型和遥控型无人驾驶车辆，包括自主车辆、半自主车辆和遥控车辆。自主车辆是依靠自身的智能自主导引躲避障碍物，独立完成有关战斗任务；半自主车辆则是在人的监视下自主行驶，当其遇到困难时、操作

地面军用机器人

人员通过遥控进行调解；遥控车辆是其按照遥控人员发出的指令，使之去完成有关军事任务。地面军用机器人的行进方式，主要是车轮式和履带式两种，仿人形步行式军用机器人，尚处于研制阶段。

机器人车上一般装有多台彩色CCD摄像机用来对爆炸物进行观察；一个多自由度机械手，用它的手爪或夹钳可将爆炸物的引信或雷管拧下来，并把爆炸物运走；车上还装有猎枪，利用激光指示器瞄准后，它可把爆炸物的定时装置及引爆装置击毁；有的机器人还装有高压水枪，可以切割爆炸物。

现在世界上已经投入使用或正在研制的地面军用机器人有以下几种：

(1) 能代替士兵的排爆机器人和排雷(弹)机器人。

(2) 能代替侦察兵的侦察机器人。

(3) 能执行警卫工作的保安机器人。

(4) 能在战场上代替步兵实施作战的战场机器人(或称步兵支援机器人)。

(5) 地面微型军用机器人，这种微型机器人其体积可能只有昆虫般大小，可混入敌人的内部，进行侦察和破坏活动。

■ 排爆机器人

排爆机器人主要应用之一便是对付恐怖分子的爆炸物。英国早在20世

纪60年代就研制成功排爆机器人。英国研制的履带式"手推车"及"超级手推车"排爆机器人已成功地应用于实际了。"超级手推车"排爆机器人的摄像机可以在距地面65毫米处工作,因此它可以用来检查可疑车辆的底部。"超级手推车"排爆机器人采用橡胶履带,最大速度为55米/分,它有一整套的无线电控制系统及各种设备,其中包括一部彩色电视摄像机、一支猎枪和两个爆炸物排除装置;该车由两组耐用的12伏电池驱动,并装有一个电动制动系统,使其在通过陡坡时能准确地动作。科研人员又将"手推车"机器人加以优化,又研制出"土拨鼠"及"野牛"两种遥控电动排爆机器人。土拨鼠重35千克,在桅杆上装有两台摄像机。野牛重210千克,可携带100千克负载。两者均采用无线电控制系统,遥控距离约1千米。

■图与文

排爆机器人不仅可以排除炸弹,利用它的侦察传感器还可监视犯罪分子的活动。监视人员可以在远处对犯罪分子昼夜进行观察,监听他们的谈话,不必暴露自己就可对情况了如指掌。

  1993年初,在美国发生了韦科庄园教案,为了弄清教徒们的活动,联邦调查局使用了两种机器人。其中一种叫STV的排爆机器人。STV是一辆6轮遥控车,采用无线电及光缆通信。车上有一个可升高到4.5米的支架,上面装有彩色立体摄像机、昼用瞄准具、微光夜视瞄具、双耳音频探测器、化学探测器、卫星定位系统、目标跟踪用的前视红外传感器等。该车仅需一名操作人员,遥控距离达10千米。在这次行动中共出动了3台STV,操作人员遥控机器人行驶到距庄园548米的地方停下来,升起车上的支架,利用摄像机和红外探测器向窗内窥探,联邦调查局的官员们围着荧光屏观察传感器发回的图像,很快就把屋里的活动情况弄得一清二楚。
  Raptor-eod机器人是北京博创集团开发的一款中型特种排爆排险机器

人,用于处置各种突发涉爆、涉险事件。代替以往人工排出可疑爆炸物及在危险品搬运过程中对操作者带来的危险,该机器人具备大型排爆机器人的基本功能,体积小、重量轻,便于更快的在突发事件中部署与执行任务。相对大型排爆机器人具有更广阔的适应性,可以在各种地形环境工作,包括楼宇、建筑工地、会场内、机舱内、坑道、废墟等处。4关节机械手

Raptor-eod 排爆机器人

可以轻松处置藏于汽车底部的可疑物品;满足全天候工作条件,即使在积水路面仍能正常执行任务。Raptor-eod自带强光照明,在黑暗中操作时可以准确分辨物体颜色及位置。双向语音通信系统可以使指挥中心和现场人员及时交换信息。另外,附加摄像机、喊话器、放射线探测器、毒品探测器、散弹枪,各种水炮枪等,所有部件可迅速拆装。

"雪豹-10"是由中国航天科工集团公司自主研制的排爆机器人,车体可进行前后摆臂,并根据地形,改变履带形状,从而完成不同地形的行走命令,如平地行走、跨越沟壑、上下楼梯等。机械手是"雪豹-10"排爆机器人的另一个

"雪豹-10"排爆机器人

关键部位。为满足排爆任务多是将地面重物抓住、抓牢、抓起的特点,"雪豹-10"的机械手设计了多个自由度,同时采用多种功能机构等,保证了手爪有足够的夹紧力,确保了自身的安全性和可靠性。机械手还可根据实际需要进行随机更换。小到手机,大到10千克的铁块,"雪豹-10"都可

以牢牢抓起，并按指令运送到指定位置。为保证"雪豹-10"动作精细、准确到位，设计人员还在该机器人的电气系统中设有电机及驱动系统、计算机控制系统、光学与传感器系统三个部分。其中，电机及驱动器部分装有多个电机部件，为完成每个动作提供了不同的驱动力。

■ 扫雷机器人

过去的战争给世界安全留下的安全隐患之一就是埋藏在地下的上亿颗地雷，有证据表明，每清除一颗约30美元的地雷，需要花费300～1 000美元，世界这么多的地雷以现在的投资与技术需要1400年才能清除完毕，而且还有一定的安全问题，因此扫雷机器人为世界各国所重视。

机器人扫雷之所以受到人们的重视，因为它扫雷速度快，更重要的是它可以避免人员的伤亡。如美国研制的"交通警察"战场机器人，它安装了多种传感器，可用于探测建筑物、掩体、隧道等处的地雷；"蜜蜂"式控雷器则具有较快的飞行速度，可以迅速而准确地发现地雷的位置，并通过自身携带的炸药对地雷进行引爆。在1982年爆发的马岛战争中，英国海军就曾用法国研制的的机器人，清除阿根廷布设的水雷。而英国陆军的排弹机器人在拆除恐怖分子放的各种类型的炸弹工作中屡建奇功，备受欢迎。

■ 图与文

扫雷机器人是专门用来扫除地雷和水雷的排爆机器人，它是用于战场扫雷作业的军用机器人。

现在世界上绝大多数国家都拥有数量不等的扫雷机器人。

扫雷机器人大体上可分成两类，一类重点探测及扫除反坦克地雷，另一类探测及扫除杀伤地雷。前者多用现有军用车辆的底盘改造而成，体积较大；后者多为新研制的小型车辆。当然，有的机器人也可同时扫除两种地雷。还可以根据扫雷作业环境不同，将扫雷机器人分为陆用和海域用两类，陆用扫雷机器人，用于陆战场，它可以代替工兵探测、清除陆战场的地雷

障碍；海域用扫雷机器人用于以探测、清除海域的水雷障碍，以避免不必要的人员伤亡。

美国研制的羚羊Ⅱ型机器人，是一种既可陆用，又可以海域用的两用扫雷机器人。该型扫雷机器人是以螃蟹为模型，充分吸收了螃蟹

羚羊Ⅱ型机器人

运动的优越性，使之具备了螃蟹运动的灵活、稳定和高效率。它既可以在陆战场扫除地雷，也可在浅水海域扫除水雷。

羚羊Ⅱ型可轻松地越过障碍和裂缝，而这些都是传统轮式工具较难做到的。它还装备了多个状态传感器和集成的控制系统，并且每条腿都具有2个运动的自由度，当地形改变时（如在地形多变的海底），通过这些系统可迅速的调整机器人的姿态和运动方式，使机器人能稳定、迅速的到达目标区域。另外，值得一提的是该机器人使用了自适应软件技术。我们知道，机器人系统非常复杂，涉及机械、光电和计算机等多个系统，因而在执行任务时，某些部件极有可能出现故障，并可能进一步导致整个系统的崩溃。比如机器人其中的一条腿出现问题，就有可能造成机器人失去平衡，使机器人"摔到"，而采用自适应软件技术后，就解决了这个问题，它使系统具备了一定的容错能力，当某个部件失效时，根据软件的计算分析迅速调整系统，使机器人仍能保持工作能力。比如，当控制软件发现机器人一条腿失灵后，它会重新调整机器人的姿态和运动模式，并均匀分配其他腿的负荷，可保持机器人的平衡状态，使它能继续完成任务。

羚羊Ⅱ型机器人已经在美国海军作战中心进行了演示，分别在陆地和浅水中模拟了扫雷任务，实验取得了成功。

美国的豹式扫雷车是将M60坦克的炮塔去掉，在底盘上加上一个特制的标准机器人系统，车前1.8米处装上10吨重的扫雷钢滚制成的，主要用来清扫反坦克地雷。作战时它可在装甲部队前面开道，接近敌人雷区时，操作人员遥控机器人发射火箭弹引爆地雷，然后扫雷车通过雷区，用扫

滚子压爆那些未被引爆的地雷，开辟出一条宽 8 米、长 90 米的通道，并用发光棒将通道标记出来。该车装有两台红外摄像机，士兵可由远处的控制车上看到地雷的热信号。在波黑的扫雷行动中，豹式扫雷车在两天之内扫除了 71 颗杀伤地雷。

德国 FFG 车辆制造公司研制出一款机器人扫雷车，该车采用豹 I 主战坦克的底盘，车前装有 3.6 米宽的液压驱动的犁地用的滚子，滚上装有重型碳化钨齿，可用来清除地表的植被，割断地雷的引爆索，挖出及摧毁埋在地下的地雷。针对不同的土质备有各种滚子，更换损坏的齿只需要几分钟时间。车底带有配重以防工作时车辆摆动。底盘外增加了钢板及衬垫材料，使它可以经受住大多数类型地雷的爆炸而不会有严重损坏。该机器人在 6 小时内的扫雷面积相当于 30 个有经验的工兵同期内扫雷面积的 15 ～ 20 倍。

一般专门扫除杀伤地雷的机器人体积都比较小，美国新研制的 Mini-Flail 小型遥控扫雷机器人，就是这种机器人。它是在 Bobcat 推土机的基础上改装的，采用一个装有链条的转筒扫雷，链条炸坏后很容易更换。这种机器人是正式列入美国陆军编制的第一种地面军用机器人。

机器人扫雷的主要困难在探雷，首先要找到地雷在哪里。今天已采用的或正在研制中的探雷技术主要有：金属探测器；地面穿透雷达及红外传感器等。用这些方法探雷往往虚警率过高，探测率很低。现在没有哪一个单个传感器可以满足探雷的要求，于是人们就把多种传感器结合起来，以求得到更好的效果。由于探雷所需的数据来自不同的传感器，要做到准确判断，就需要复杂的传感器融合技术，而传感器融合所需要的计算量特别大。目前这种研究正在进行中，而且已经有了一些成绩。

■ 保安机器人

保安机器人可以用于重要军事要害部门的保卫工作，可分为两类，一类是室内保安机器人，一类是室外保安机器人，室内保安机器人用于建筑物内部，可在狭窄的通道里行走，遇到一定距离内有行人或烟雾，立即报警；室外保安机器人可在重要军事设施周围巡逻，遇有入侵者可先使机器人与

之对话，当对方不合作时，操作者可令机器人对其攻击。具有代表性的是美国的"徘徊者"保安机器人，该机器人质量1.8吨，为6轮全地形车，可按程序规定的路线巡逻，时速27千米/小时，巡逻距离250千米，它可以装备各种武器，如催泪弹、冲锋枪、自动步枪等。

"徘徊者"自主式智能机

"徘徊者"机器人可以按照预编程序的路线，沿着这些设施的外部边界进行巡逻。当发现入侵者时，操作者通过声音传输系统使机器人与入侵者对话，若入侵者不合作，怀有敌意，操作者就可命令机器人攻击入侵者。当该地区受到大规模进攻时，

■图与文

图为韩国最大的移动运营商SK电信与一家新兴公司联合推出的韩国第一款高级保安机器人，该保安机器人高50厘米，重12千克，如果遇到失火或者致命的煤气泄漏等紧急情况，机器人的传感器可以探测到潜在的危险，并进而发出警报。

操作者就可调动多台机器人进行阻击，以便为保安人员争取时间。

■侦察机器人

如今，军队现代化，高端技术被应用在军队建设的方方面面，这就给战场侦察和刑事侦察带来很大困难，被派遣的侦察人员的安全会受到严重威胁，因此，采用机器人侦察是多个国家采取的措施。使用机器人进行侦察，不仅可避免侦察人员的伤亡，而且机器人一旦"被俘"，还可以通过事先设置的自动引爆程序，使其自行爆炸，光荣"殉职"，绝不会暴露任何秘密。

"徘徊者"侦察机器人

美国的GSR侦察机器人是由M114装甲人员输送车改装的,整车质量6.8吨,可水、陆两用,由1台8缸汽油机驱动,车内装有15台微处理器,内存8.5兆字节,并装有卫星导航系统、声学临近传感器、磁罗盘、激光测距仪、高分辨度摄像机等,在没有外部导航时,能自主越过障碍跟踪其他车辆。

美国的第二代小型侦察机器人于1998年初首次露面,1999年5月进行了演示。该车是在一辆雅马哈125四轮全地形车上,装上不同的摄像机和夜视装置构成的。它的隐蔽性好,适于昼夜侦察。这款侦察机器人发现单个人的距离为1千米,发现车辆的距离为5千米。机器人车由运输车中的操作员控制,控制器装有全球定位系统,可精确确定敌人目标的位置。

美国海军陆战队正在设计制造一种比人手还小的无人地面车辆,它可以行走,有翅膀,会跳跃或短距离飞行。这种系统有助于部队更好地了解战情,减少伤亡,提高远征军的效率,特别是在城市作战环境中。一支远征军可装备40—50台微型无人车辆,利用飞机将它们投入作战地区。技术上的困难主要是动力问题。这种系统需要有较大的作用距离,但目前的电池在这样小的尺寸内不能提供足够的动力。可供选用的能源正在研究之中。另外,美国国防高级研究计划局准备研制昆虫大小的移动及固定的微型无人地面传感器,这类机器人的体积只有2.54厘米大小,可以携带音响、电磁、地震、化学、生物成像及环境等各种传感器,可利用炮弹、火箭、导弹、飞机、无人机将它们投掷到敌人的防线后面,也可附在敌人的车辆上,混入敌人的阵地进行侦察。它们可单独使用,也可联网。可搜索及跟踪战场上的机动目标。

地面微型机器人由于体积小隐蔽性、生存能力强,获得了军事专家们

的青睐。现已研制出一种只有昆虫大小的名叫"扁虱"的机器人,它可附在敌人装备的部件上,混入敌人防线,侦察敌人的目标,也可向敌人的通信系统中注入一个功率脉冲进行干扰,或钻到敌人的装备中去,破坏发动机等关键部位。现在许多国家都非常重视微型军用机器人的研究,随着发展,军用微型机器人有可能改变21世纪的战场。

步兵支援机器人"突击队员"遥控车是由格鲁曼航空公司与美国陆军训练与条令司令部共同研制的。它是一个重约160千克的菱形车辆,由电动机驱动。能以16千米/时的速度在崎岖地形上行驶。该车采用光纤通信,可将车载电视摄像机的图像传送给操作员,同时将操作员的指令传送给它,装上机枪时,其总高度也只略高于1米。它能完成步兵通常所能完成的各种任务,包括反坦克任务。车上可以配备反坦克导弹发射器、机枪、催泪性毒气弹等。

机器蛇是以色列研发的一种外观与真蛇难辨真假的机器人武器。这款"机器蛇"长约2米,能够方便用来进行军事伪装。它能通过洞穴、隧道、裂缝等特点的障碍物而秘密地到达目的地,同时发送图片和声音给指挥部,指挥人员可以通过一台由电脑控制的装置接收其发回的信息。其次,"机器蛇"还可以用于携带爆炸物到指定地点。更值得一提的是,"机器蛇"拥有完美的弯曲"关节",这使得它易于通过狭小的空间。并且在遇到障碍物时,它可以拱起身子,跃过障碍物进行拍摄工作。除了军事目的,"机器蛇"还可以发挥其灵活性来帮助寻找被埋在倒塌建筑物下的受难者。

美国卡内基·梅隆大学研制开发的一条机器蛇"山姆大叔",有爬树的本领。这条蛇的运动是对真蛇的运动进行生物模拟,包括侧向缠绕、扭动以及旋转动作。机器蛇"山姆大叔"不但能爬树,还能够缠绕着树干,在树的表面垂直往

以色列军方研制的小巧"机器蛇"

■图与文

"山姆大叔"机器蛇可以运用包括地震在内的自然灾害中,用以定位坍塌建筑中幸存者。它们也可以被用在检验桥梁、矿体建筑中。

上爬。

机器蛇"山姆大叔"是使用模块化的分段模型制造的,模型包含制动器与传感器;同时头部模型配备了一个摄像机。模块化的特点使得机器蛇具有在实地中自组装的潜力,而且如果哪个节段被损坏还能够简化修复过程。这种模块化的特性还意味着机器蛇的长度能够很容易地根据需要进行调整。

我国科学工作者研制的长 1.2 米、直径 0.06 米、重 1.8 千克的机器蛇,能像生物蛇一样扭动身躯,在地上或草丛中蜿蜒运动,可前进、后退、拐弯和加速,其最大运动速度可达每分钟 20 米。头部是机器蛇的控制中心,安装有视频监视器,在其运动过程中可将前方景象传输到后方电脑中,科研人员则可根据同步传输的图像观察运动前方的情景,向机器蛇发出各种遥控指令。特别引人注目的是,这条机器蛇披上"蛇皮"外衣后,能像真蛇一样在水中游泳。

这种机器蛇在许多领域具有广泛应用前景,如在有辐射、有粉尘、有毒及战场环境下,执行侦察任务;在地震、塌方及火灾后的废墟中寻找伤员;在狭小和危险条件下探测和疏通管道;还可以为人们在实验室里研究数学、力学、控制理论和人工智能等提供实验平台。

水下军用机器人也叫无人潜水器。其实,这种机器人也可以作为民用,如进行海上、海底资源勘探和开发。作为军事用途,主要有两种类型:

第一种是水下遥控机器人。这种机器人要在一舰艇(作为母舰)上发射,与母舰用缆绳连接,其缺点是航速慢、机动性差、准备时间较长,同时也限制了母舰的自由。

第二种是自治潜水器,又叫无缆潜水器。这种机器人因为自带电源,没有与母舰相连接的缆绳,自治能力强,克服了水下遥控机器人的缺点。

水下军用机器人主要用于各种水域中的探雷、扫雷、水下侦察、水下打捞和救护、深海勘探以及水下攻击等。

目前美国、俄罗斯及英国等国已经研制出可以载弹进行水下攻击的"攻击型水下机器人",它们能够悄无声息地接近敌方的舰艇,对敌人进行出其不意的打击。水下机器人实际是一种遥控潜水器,它可分为有缆和无缆两种。有缆是通过电缆及通信光缆为潜水器提供动力并对它进行控制。

德国电子公司研制出"企鹅"B3型遥控潜水器,装有两台变速推进发动机和一台垂直发动机,速度为6节,载重225千克,光缆长1 000米,下潜深度为200米,流速较小时,行程达900米,它装备在MF332扫雷舰上。

无缆遥控潜水器无缆是真正意义上的自治水下机器人,其自治能力强、航程长、机动性好。母舰将它放入水中,经过几小时后,它可在一个预定地点与母舰会合,由母舰回收。无人无缆潜水器还可由潜艇发射,这样比由水面舰艇发射更加隐蔽。可在水面舰艇达到某一战区之前由潜艇发射它,对该水域的水雷进行侦察。

遥控潜水器

为了提高扫雷的可靠性,人们研制出一种一次性使用的扫雷武器——微型鱼雷。这种鱼雷一般长1米,直径0.4米,重80～100千克。微型鱼雷不需要用遥控潜水器运往目标,而是由扫雷舰把它直接放到水中,然后它自动导向目标,利用自身的传感器确认并对水雷定位,引爆后摧毁水雷。挪威海军的"水雷狙击手"就是第一个这样的微型鱼雷。它采用锥孔装药,装药量少,重量轻,在舰上搬运非常安全。它特别适合由小型舰只投放,据称,它可有效地对付沉底雷和锚雷。

挪威"水雷狙击手"

美国海军研究所研制出一只长18英寸(45cm)的电子机器龙虾。这只仿真龙虾由一种特制的防水电池提供动力,它头部的两根长须是一种灵敏度极高的防水天线,几只脚上都装配有防水毛传感器,它的大脑则是一台超微型计算机。它能够像真龙虾一样适应不规则的海底,在不同深度的海底敏捷地行动,并且可以灵巧地应付汹涌的波涛和变化的海流,躲避各式各样的海底礁石。

军方利用这种机器龙虾可以对一些人员很难接近的区域进行侦察,发现目标会自动向指挥所报告,也可通过一种自动摧毁装置把目标消灭。

空中军用机器人实际上就是各种类型的无人驾驶飞机,简称无人机。它灵巧、风险小、成本低、无人员伤亡,却能给对方造成巨大的威胁。采用隐形技术的无人机,因雷达无法捕捉到它,执行任务就像空中幽灵一般来去自如。新型无人机还装有反导导弹、激光制导、电子干扰器等先进武器,可配合有人机进行空中打击。

无人机类型繁多,有几百种之多,其中美国发展最早、机种最多、技术水平最高。我国从20世纪60年代开始研制,现在已经具有相当的实力和水平。

无人机的大小和性能,根据其执行任务的不同,差别很大。例如,一般执行侦察任务的无人机,其尺寸和性能相当于有人驾驶的轻型或超轻型飞机。如美国的"先锋无人机",其机身

■图与文

2001年4月22日,"全球鹰"完成了从美国到澳大利亚的越洋飞行创举。这是无人机首次完成这样的壮举。

长 4.26 米，翼展 5.15 米，时速 185 千米/时，飞行高度为 4 575 米，可连续飞行 7 小时。若是战略侦察无人机，其尺寸要大一些，相当于大型有人驾驶飞机。例如美国于 1998 年研制的名为"环球鹰"的无人机，其翼展为 35.36 米，重量为 12 吨，有效载荷 908 千克，飞行高度 19 812 米，在此高度上它可以时速 648 千米连续飞行 42 小时，中途不加油，一次可飞行 22 526 千米，相当于绕地球半圈，它每天侦察的面积为 137 200 平方公里。为了安全，它大部分时间里在高空飞行，只有少数导弹才能达到这一高度。"环球鹰"还装备有高低频率干扰机、雷达波接收机，并带有 3~4 架诱饵机作为假目标，以避开敌人的攻击。"环球鹰"还装备有攻击型导弹。

我国的无人机研制工作始于 20 世纪 60 年代，主要集中在几所航空院校和研究所，包括无人靶机和无人侦察机，并且早已投入了使用，效果十分明显。例如北京航空航天大学研制的"长虹"号高空无人侦察机，于 1980 年设计定型并生产和投入使用。

"长虹"号高空无人侦察机

西北工业大学研制和生产的低空无人机以及南京航空航天大学研制和生产的高速靶机等，都取得了很好的经济效益和社会效益。

在部分中小型无人机中，其本身一般没有起落架系统，它们起飞有的靠大型母机挂飞，到一定空域将其投放，然后自身的动力装置起动进入自主飞行；有的利用火箭助推装置，在发射架上进行发射，然后自身动力装置点火起动进入自主飞行。这类无人机执行完任务返回后，一般靠降落伞进行回收，有的用直升机回收。

无人机的发展，通常可分为三代：

第一代无人机一般携带电视摄像设备、长焦距镜头或红外线成像机和激光指示测距仪，能进行空中拍摄和目标指示，能在中、低空进行战场侦察、实时数据传输。

第二代无人机机身用复合材料制造；地面站采用微处理机；发动机功率加大。

第三代无人机应用先进的气动设计；机体采用复合材料制造；具隐身功能；电子设备更加完善。

目前，按照用途可将无人机分成两类：第一类是侦察型无人机，第二类是无人驾驶战斗机。

(1) 长航时侦察型无人机有：

高空长航时无人机，其高度为不低于 18 000 米，续航时间不少于 24 小时；中空长航时无人机，其高度为几千米，续航时间不少于 12 小时。

■图与文

"掠夺者"于 1994 年 7 月初首飞，1997 年 8 月投产，并被授予军用代号—RQ-1A。

"掠夺者"无人机是一种中空续航无人机，在 7 600 米高度续航，时间可达 24 小时。一个完整的"掠夺者"系统包括 3~4 架无人机，一个通信／图像终端以及一个地面站。

它可由 5 架 C—130 或两架 C—141 飞机装运，到达基地后 6 小时即可开始工作；"掠夺者"为战场指挥员及 18 报部门提供了宝贵的实时图像以及由此得到的情报。而且它直接传回的彩色电视图像和实时话音报告，使指挥员可以直接观察图像，而不必等待情报部门提供的静态照片及简况报告。

(2) 中程侦察型无人机，其活动半径为 700 ~ 1 000 千米，其中，高空中程无人机，其高度可达 30 000 米以上，速度为音速的 3 倍以上。

(3) 短程侦察型无人机，其活动半径为 150 ~ 350 千米。

(4) 近程侦察型无人机，活动半径为几十千米。

DR—5 高空无人侦察机是我国研制的高空侦察无人机。翼展 9.764 米，空机重 1 080 千克，最大投放质量为 1 700 千克，巡航速度为 800 ~ 820 千米／时，

巡航高度 17 500 米，续航时间 3 小时。机上装有昼夜可见光照相，照相机的镜头能绕其纵铀左右摇摆，在高空照相时，具有较大的拍摄面积。DR—5 是后掠单翼正常布局飞机，由机头、有效载荷舱、燃油舱、电子设备舱和伞舱等组成。在机身下的发动机短舱中装有 1

DR—5 高空无人侦察机

合涡轮喷气发动机。它可根据程序系统的指令或通过地面装置遥控。DR—5 没有起落架，由母机将它带飞到一定高度投放后进行自主控制飞行。当飞机完成任务后，引导飞机在特定的回收场上空，用降落伞进行陆上或水上回收。

(5) X-45A 无人驾驶战斗机。从 20 世纪 90 年代以来，美国下大力气研究无人驾驶战斗机，研究成果以 X-45A 无人驾驶战斗机为代表。该机型机长 8 米，翼展 9 米，可以远程控制，也可以按预期指令飞行。其一个最大的优点是可以快速拆卸，拆卸后可以放在包装箱内，仅需要 1 小时即可组装完毕，1 架 C-17 运输机可运 6 架。由于能承受更大的加速度，这种飞机的机动性显然优于有人飞机，且结构紧凑，外形只有 F-16 飞机一半大小。

(6) UCVN-N 无人作战飞机。美国海军研制出新一代无人作战飞机 UCVN-N 的全尺寸模型，目标是可对敌进行防空压制、纵深打击和战场侦察。该机为三角形机翼，前掠角 55°，后掠角 35°，没有垂直尾翼和水平尾翼，控制飞行靠两个副翼和 4 个襟翼，武器安装在机身内，必要时加装电子侦察吊舱。采用了 JTl5D-5C 型涡轮风扇发动机作为动力系统。为满足隐身要求，飞机大量采用合成材料。

设计者拟在实战机型采用更大的机翼，以增长飞行时间；采用合成孔雷达，以使所拍战场照片更加清晰；通过卫星数据链接收、传输数据和指令。

科学第一视野 | KEXUE DIYI SHIYE

■ 图与文

F-4是美国第二代战斗机的典型代表,各方面的性能都比较好,不但空战性能好,对地攻击能力也很强,是美国空、海军六七十年代的主力战斗机。

(7) F-4无人攻击机。美国波音公司受国防部委托,研制成无人攻击机F-4,已通过试飞,是迄今美国第一架可以携带重型武器进行战斗的无人攻击型飞机,它具有高度的"自我牺牲精神",可以携带炸药和武器撞毁敌方的目标。

目前无人攻击机攻击的目标是地面或海上的活动或固定目标,其特点是飞行速度快、航程远、机动性好、突击能力强、续航时间长,可实施隐蔽式突然性攻击,而且费用低,易于作战使用。攻击型无人机分为多次性使用和一次性使用。多次性使用的无人攻击机以大型无人机为主,机上携带导弹、鱼雷、炸弹或其他武器。可回收,多次使用;一次性使用的,无人攻击机多为中、小型,攻击目标时,与目标"同归于尽"。机上装有雷达寻的器或红外寻的器和非核战斗部。由地面遥控或自动控制飞向目际区上空,作待机巡逻,探测到目标后,由寻的器制导飞向目标。现有德国的反雷达无人机和反坦克无人机,以及美国的执行各种攻击任务的无人机等等。

美国诺斯罗普·格鲁曼公司正在设想研究的21世纪空军无人作战飞机方案,其外形像B—2隐形轰炸机。该机最大特点是隐形性好,作战半径约1 300千米,最大可携带450千克的精确制导弹药,可执行空中巡逻、搜集情报、对

B—2隐形轰炸机

地目标实施攻击。该机攻击隐蔽性、突防性强,难以发现,特别是夜间攻击,犹如黑鹰一样。其机身轻小,仅用一架现役运输机就可运送好几架无人作战飞机,该机满载时总重约6.1吨,可携带动能武器、红外或雷达传感器以及电子对抗设备。该机战场部署快,投入作战架次多,可偷听截获敌战场信息,干扰敌指挥通信系统。

目前,还有一种无人飞机很受瞩目,那就是微型无人机。微型无人机是在20世纪90年代中期才出现的。微型无人机采用了当今高端的新科技。

所谓的微型无人机是指翼展和长度小于15厘米的无人机,也就是说,最大的大约只有飞行中的燕子那么大,小的就只有昆虫大小。微型飞行器从原理、设计到制造不同于传统概念上的飞机,它是MEMS(微机电系统)技术集成的产物。要想研制出如此小的无人机面临着许多技术及工程问题。

第一个微型无人样机出现于1990年代末期。1996年美国的"黑寡妇"固定翼微型无人机问世。该机为直径152毫米的圆盘形,采用轻木结构,螺旋桨驱动。1997年底,使用锂电池不带载荷进行了16分钟的飞行。另一架"黑寡妇"在1999年年中进行了重新设计,翼展15厘米,续航时间22分钟,航程2千米。随后,"蝗虫"固定翼微型无人机问世,翼展33厘米,总质量17克。2002年8月,一架

"黑寡妇"微型无人机

试验型"蝗虫"飞行时间超过了100分钟。2005年1月,美国霍尼韦尔公司开始了涵道风扇小型无人机的飞行试验。该无人机高56厘米、宽35.5厘米、质量2.2千克。2008年美国空军研究实验室开始研发一种体型微小的武装无人机,准备配备给美国特种部队,执行对"具有较高价值的目标"的杀伤任务。据报道,这个微型无人机被描述为"一种小型无人机,配备

传感器、数据链，装备可在复杂环境下对时间敏感、可迅速移动的目标发起攻击的武器。"

以色列飞机工业公司制造的"蚊1"式微型无人机于2003年1月1日首次飞行。该机翼展30厘米，质量250克，续航时间40分钟。2004年研制成功的"蚊1.5"式微型无人机，翼展34厘米。与"蚊1"式微型无人机不同的是，"蚊1.5"式无人机可以自主飞行，能按全球定位系统指示的航路点飞行，而"蚊1"式无人机不具备这种能力，因为其体积太小，不能集成飞行控制系统和全球定位系统。"蚊1"式无人机只能无线电操纵，但配备飞行计算机和提供航路点后具有自主飞行能力。

欧洲航空航天防务多尼尔公司生产的Do-MAV微型无人机质量约510克，翼展42厘米，续航时间超过30分钟。

"扇风机"垂直起降旋翼无人机

德国的EMT公司研制出2种微型无人机，即"扇风机"垂直起降旋翼无人机和"天皇"固定翼手持发射无人机。"扇风机"无人机执行任务半径超过500米，续航时间超过15分钟，起飞质量约750克。"天皇"无人机具有类似的特性，但起飞质量约为500克。

日本精工爱普生公司研制的"微型飞行机器人"样机，是世界最小的无人驾驶直升机，质量只有9克，高度仅为2.8厘米。

实际上，除了执行军事任务，无人机在民用领域也有着很大的利用空间，如用于：天气监测、海洋环境研究、检查输电线和管道、指导农业耕作、扑灭森林火灾等。

众所周知，台风是人类生存的天敌，一些沿海地区，几乎每年都要受到台风的肆虐，接近暴风圈，探测圈内风场数据，准确计算出台风的强度

与暴风半径，对于天气预报有着重要的意义。但是有人飞机很难接近暴风圈，不敢低飞，因为暴风圈内风力很强，还有各方向吹来的乱流，一旦下雨，还有上、下层气流的对流，极易折断机翼。因而，无人机有了用武之地。我国台湾研制的小型无人机，可以随乱流上下摆动，能承受比一般飞机大的力量，而且还可以倒飞，该机翼展2米，质量不足15千克。2001年10月16日台湾让这架无人机飞进距"海燕"风暴中心100多千米处（风力最强为距中心100千米处），利用电脑收集到很多宝贵资料，包括暴风圈内的风向、风速、温度、湿度、气压等，并安全传递到地面接收站，这是全世界第一次获得这样的资料。

另外，我国气象系统自行设计的小型无人驾驶飞机可用于气象探测，特点是：①体积小：机长1.8米、翼展3米；②重量轻：起飞重量12千克；③本领大：由地面飞到5 000米高空，连续向地面传送气压、温度、湿度、风速等数据，时速108千米，可续航8小时，并且可由GPS全球定位系统导航安全返回。

我国的无人机研制已有几十年的历史，是从研制靶机和侦察机着手的，高等院校起步较早，主要集中在几所航空院校。北京航空航天大学、南京航空航天大学及西北工业大学都有自己研制的产品，北京航空航天大学20世纪80年代设计定型的DR-5高空无人侦察机，翼展9.764米、质量1 080千克，巡航速度为800～820千米/小时，巡航高度17 500米，续航时间3小时。国防科技大学研制开发的"蜂王"无人机，其中"蜂王—100"机长、翼展只有2米多。目前，我国的无人机研制水平正走在世界前列。

预计，在21世纪的战场，从实验室走向战场的机器人主要有以下几种：

(1) 反坦克机器人。为了对付未来战场上的敌方坦克群，美国正在研制一种反坦克机器人，操作手能在6英里远的隐蔽阵地指挥它攻击敌方坦克。

(2) 侦察巡逻机器人。这种机器人也是遥控式的，采用它可大大减少侦察兵在战场上的伤亡。

(3) 扫雷机器人。可以排除地雷并记下标志，使部队迅速通过雷区，减少人员伤亡。

(4) 战斗保障机器人。这种机器人看上去像六腿章鱼，腿部可自由地伸直和弯曲，可在车辆无法行驶的地方行走，还能攀登楼梯或斜坡，它能举900磅（1984千克）的东西行走，适用于前线的弹药补给、运送伤员等作业。

空间机器人

人类对太空的研究虽然很早就已经开始，但是其速度和成就却很有限，只是近些年才有了一些较大的进步。目前来看，开发工作才刚刚开始，在未来的空间活动中，将有大量的空间加工、空间生产、空间装配、空间科学实验等工作要做，这样大量的工作是不可能仅仅只靠宇航员去完成，还必须充分利用空间机器人。

科学家主要让空间机器人协助完成的空间工作有：空间建筑与装配。一些大型的安装部件，比如无线电天线，太阳能电池，各个舱段的组装等舱外活动都离不开空间机器人，机器人将承担各种搬运，各构件之间的连接紧固，有毒或危险品的处理等任务。另外，卫星和其他航天器的维护与修理也需要空间机器人的"参与"。随着人类在太空活动的不断发展，人类在太空的"财产"也越来越多，在这些财产中人造卫星占了绝大多数。如果这些卫星一旦发生故障，丢弃它们再发射新的卫星要耗

■ 图与文

太空垃圾是围绕地球轨道的无用人造物体。太空垃圾小到由人造卫星碎片、漆片、粉尘，大到整个火箭发动机构成。

费大量的钱财，而且会进一步导致"太空垃圾"的增多，必须设法修理后使它们重新发挥作用。

但是如果派宇航员去修理，又牵涉到舱外活动的问题，而且由于航天器在太空中，是处于强烈宇宙辐射的环境之下，因此，用人来进行维护修理，不宜之处太多。而用机器人去做这些工作，则没有这些弊端。还有，空间生产和科学实验也离不开空间机器人。宇宙空间为人类提供了地面上无法实现的微重力和高真空环境，利用这一环境可以生产出地面上无法或难以生产出的产品。在太空中还可以进行地面上不能做的科学实验。和空间装配、空间修理不同，空间生产和科学实验主要在舱内环境里进行，操作内容多半是重复性动作，在多数情况下，宇航员可以直接检查和控制。这时候的空间机器人如同工作在地面的工厂里的生产线上一样。因此，可以采用的机器人多是通用型多功能机器人。由美国国家航空航天局研制的名叫"漫游者"的卫星修理机器人有两只7自由度的机械手，安装在可自由飞行的机座上。两只手可单独使用，也可协同工作。一旦火箭发射到空间，遥控人员可控制机器人到第一级火箭拿取部件，再脱离火箭自由运动，在飞行中完成多种修理工作。

由于空间环境和地面环境差别很大，微重力、高真空、超低温、强辐射、照明差的环境必然要求空间机器人有特殊的"体型"和"体能"。首先，空间机器人的体积要比较小，重量要比较轻，抗干扰能力要比较强。其次，空间机器人的智能程度要比较高，功能要比较全。消耗的能量要尽可能小，工作寿命要尽可能长，同时，可靠性也要比较高。到目前为止，各种各样的空间机器人已经活跃在广袤的空间中，发挥出了巨大的作用。

■月球探测器和月球车

月球探测器是对月球和近月空间探测的宇宙飞行器。分为无人探测和载人探测两个阶段。迄今，人类已经向月球发射过几十颗探测器，有苏联的"月球"号系列，美国的"徘徊者"号系列、"月球轨道环行器"系列、"月球勘测者"系列和"阿波罗"载人飞船系列等。首先是进行无人探测，它们各自携带所需的仪器设备，前往月球的周围空间或深入月球本土探测，初步摸清月球的性格和脾气。这些仪器设备主要有电视摄像机、无线电通信设备、月岩采集器、月球车等。探测方式有飞近月球拍照;将探测器直接撞击月岩;绕月拍摄月球背面照片;采用着落月面之前启动探测器上的逆向火箭,使探测器缓慢软着落,软着落后探测器仍然可以继续探测;围绕月球轨道环行,对月球拍摄特号镜头;用采集器采集月岩,分析月球的月质条件;利用月球车对月面进行考察和在月面做科学实验。

经过无人探测打下基础,紧接着开始载人探测。1969年7月16日美国发射的"阿波罗—11"号载人飞船登月舱在月面着落,使神话"嫦娥奔月"成为现实,宇航员在月面行走,成为"奔月"的男"嫦娥"。其后,"阿波罗"的另5艘载人飞船登月舱也相继登月成功,详细地揭示了月球表面结构性质、月球表面物质的化学成分和物理性能,并探测了月球的重力、磁场和月震等。

"月球勘测者"探测器

日本宇宙科学研究所和东京大学新近开发成功月球探测鼹鼠机器人,它可以像鼹鼠一样钻入月球地下10余米,采集矿物质加以分析,弄清月球地表的结构。

这个月球探测鼹鼠机器人是一个直径10厘米、长20厘米的圆筒,从宇宙飞船投放到月球后,可垂直钻入地下。它有掘进和排砂两种装置,排砂装置有两根旋转的滚柱,能把挖出的砂石辗轧结实;掘进装置把活塞顶在辗轧后的砂石上,用活塞推动身体前进。

月球车是一种能够在月球表面行驶并完成月球探测、考察、收集和分析样品等复杂任务的机器人。在实验室里,这个重要角色的学名是"月球探测远程控制机器人",已经习惯叫它"月球车"。世界上第一颗人造卫

月球探测鼹鼠机器人

星发射成功后，人们便开始了飞向地外天体的准备。然而，在对月球表面探测过程中，采取什么样的运输工具才有可能在月面上进行实地考察呢？月球车就是在这样的背景下诞生的。为了使月球车在月面上能够顺利行驶，美国、苏联曾发射了一系列的卫星探测，并对月面环境进行了反复的科学实验，为在探测器上携带月球车的成功打下了可靠的基础。科学家对经由月球车月面的实地考察所带回的宝贵资料进行了分析研究，大大深化了人类对月球的认识。

月球车可分为无人驾驶月球车和有人驾驶月球车。无人驾驶月球车由轮式底盘和仪器舱组成，用太阳能电池和蓄电池联合供电。有人驾驶月球车主要由月球车的每个轮子的各一台发动机驱动，靠蓄电池提供动力。有人驾驶月球车主要作用于扩大宇航员的活动范围和的减少体力消耗，它可随时存放宇航员采集的岩石和土壤标本。

1970年11月17日苏联"月球"17号探测器把世界上第一个无人驾驶的"月球车"1号送上月球，它行驶了10.5千米，考察了8万平方米的月面。后来的"月球车"2号行驶了37公里，向地球发回88幅月面全景图。

月球车"1号"质量约为756千克，高1.35米，长2.2米，宽1.6米。依靠4对电驱动，电磁继电器制动的轮子实现机动。月球车"1号"用摄像

■图与文

月球车"1号"是苏联发射成功的世界上第一辆成功运行的遥控月球车。共工作322天，总行程10 540米。拍摄了2万多张照片，对500个地点进行了土壤物理测试，25个地点进行了土壤化学分析。

机当自己的"眼睛"。人在远离月球38万千米的地球上的指挥中心里发号施令,通过无线电波指挥这台机器人移动和拐弯,以及完成其他动作。从1970年11月17日由月球17号探测器送上月球(降落点位于北纬38°17′西经35°)开始,一直在雨海地区工作至1971年10月4日。月球车"1号"拍摄了200多张全景照片,20 000多张局部照片,并在500个地点进行了地层物理机械性能研究,为研究月球立下了汗马功劳。

■图与文

月球车"2号"是世界上第一个在月球表面硬着陆的航天器,总共工作了4个月,拍摄了大量照片。

月球车"2号"高1.35米,长1.7米,宽1.6米。主要任务同月球车"1号"相同,也是收集月球表面照片,全车拥有3个摄像头。除摄像头外,月球车"2号"还拥有激光测距、X射线探测仪、磁场探测仪等装置。它以八个相互独立的电动车轮驱动,车体能源来自于太阳能电池,车上携带的钋210放射性元素用来在夜晚为车体供热,保证仪器不因低温而损坏。月球车"2号"总共工作了4个月,拍摄了86张全景照片和80 000张照片。

1971年9月30日,美国"阿波罗"15号飞船登上月球,两名宇航员驾驶月球车在月球上行驶了27.9千米;"阿波罗"16号、17号携带的月球车,分别在月面上行驶了27千米和35千米,并利用月球车上的彩色摄像机和传输设备,向地球实时地发回宇航员在月面上活动的情景及离开月球返回环月轨道时登月舱上升级发动机喷气的景象。

我国也有自己的"月球车"。按照我国航天计划时间表,2013年,"嫦娥三号"会将"中华牌"月球车送上月球,使其完成月球软着陆过程,并实施无人登月探测,主要任务是探测月球表面和内部情况。

■"旅行者"号探测器

"旅行者"号探测器是美国行星和行星际探测器系列之一。它们是一

对孪生姐妹,作为地球使者,前往木星、土星、天王星和海王星访问。"旅行者—2"号首先于1977年8月20日踏上了征程,"旅行者—1"号速度要比"旅行者—2"快,晚半个月启程。它们身重约800千克,主体是一个扁平十面棱柱体,中央有球形推进器箱,周围安置电子设备,头戴一顶"大草帽"——抛物面天线,左右各伸出一支"手臂",一长一短,短的是科学仪器支架,长的是磁强计支杆,侧身还挂着3节补充能源用的"食品袋"——同位素电池。携带的科学探测仪器有:为行星和卫星画像留影的电视摄像机、红外光谱计、干涉仪和辐射计,紫外光谱计和偏光计;探测行星际空间环境的宇宙线探测器、低能带电粒子探测器、等离子探测器和磁强计;行星射电天文接收机及其鞭状天线。

"旅行者"姐妹俩于1979年3月5日和7月9日先后与行星的"老大"——木星相会。拜访木星时,借助木星的强大引力,给自己"加油",并改变航向,又于1980年11月13日和1981年8月26日先后到达土星访问。此后,"旅

■ 想一想

如果"旅行者-2"号一直能顺利地飞行下去,从理论上讲,其将在公元8571年飞抵距离地球4光年的Barnard恒星附近,而到公元20319年,其将飞抵距离半人马座3.5光年的地方,而到296036年,将到达距离天狼星最近处,约4.3光年。

行者—1"号便径向太阳系边陲直奔而去,于1988年3月穿越冥王星轨道和1988年11月穿越海王星轨道,首先飞出太阳系而进入宇宙太空。"旅行者—2"则在茫茫太空翱翔了整整12年、行程70多亿公里,来到离"边疆"的第二颗行星——海王星访问,并于1990年以14.8千米每秒的速度,携带着给"外星人"的礼物——"地球之音",离开太阳系,去寻找宇宙中的"知音"。

"旅行者"1号距离木星278 000千米处越过木星时,信号传输到地球

用37分钟,发现木卫1上至少有6座火山正以时速1 600千米喷发,木卫4上的环形山比木卫3多,还观测了厚达30千米的木星环和大红斑。1980年11月发回了土星环照片,11月11日靠近土卫6飞行,看到它上空笼罩有至少280千米厚的稠密不透光雾层,温度约为 -181 ℃,推翻了1944年所认为是甲烷的论点,而证实是氮气。

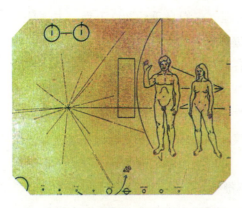

"地球名片"

"旅行者"2号1979年7月9日飞临木星,迫近木卫2时发现它地势平坦,无火山口,完全由一层薄冰覆盖。发现木卫1有7座火山在爆发。1981年8月26日飞近土星,观测了土星、土星环,发现6颗新土星卫星。到1982年底"旅行者"2号已拍回照片32 000幅,后来1986年1月又飞过天王星,1989年8月飞近海王星。

"旅行者"2号、1号还携带一块画有男、女人像的金属板和金属唱片、金刚石唱针等,把地球人的信息带给未知的星球,现在这两颗人类的使者正以高速向无限的宇宙深处飞去。

■ "先驱者"号探测器

"先驱者"号探测器是美国行星和行星际探测器系列之一。1958年10月至1978年8月发射,共13个。用来探测地球与月球之间的空间,金星、木星、土星等行星及其行星际空间。其中"先驱者"10、11号最引人注目。

"先驱者"10、

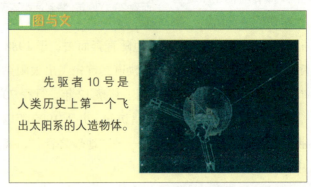

■ 图与文

先驱者10号是人类历史上第一个飞出太阳系的人造物体。

11号是一对同胞兄弟，相貌相似，体重约260千克，主体都是一个六棱柱，身高2.4米，最大直径2.7米。它们个头不算太大，却背负着10多种科学仪器。"兄弟"俩是人类派往访问外行星的第一批使者。"先驱者"10号于1972年3月2日先踏上征途，经过1年又9个月的长途跋涉，穿过危险的小行星带，闯过木星周围的强辐射区，于1973年12月3日与木星相会合。它在距木星13万千米处为这颗行星拍摄了第一张照片，并进行10多项试验和测量，向地球发回第一批木星资料，为揭开木星的奥秘立下头功。在木星巨大引力加速下，直向太阳系"边疆"遁去，于1989年5月24日飞越冥王星轨道，带着给"外星人"礼品——"地球名片"，向银河系漫游而去。

"先驱者"11号是第一个研究土星和它的光环的探测器。

"先驱者"11号于1973年4月6日启程。它以探测土星为主要重任，因此，于1974年12月5日抵达木星附近时，进行礼节性访问后，便直奔庞大的土星家族，1979年8月16日到达，9月7日告别。在22天访问中，测定了土星轨道和总质量；测量了土星的大气、温度、磁场、光环，并对10颗卫星作近距离观测。握别土星后，便从天王星近旁掠过，与"先驱者"10号同于1989年飞离太阳系。

■火星探路者

1996年12月4日17时07分，美国航空航天局发射了火星"探路者"号。经过7个月的飞行，"探路者"号于1997年7月成功地在火星表面着陆。

"探路者"号的登陆地点位于火星的北纬19.33度，西经33.55度，它降落在一个盆地中。尽管1976年"海盗1号"及2号飞船登上火星，发现火星上没有生命，但这次的不同之处在于，"探路者"号飞船首次携带着

科学第一视野 KEXUE DIYI SHIYE

■ 图与文

"索杰纳"火星车的行驶速度最快为每分钟2英尺（0.6米），犹如蜗牛爬行。它专找岩石爬，目的是搜集有关岩石成分的数据。

机器人车登上了火星，这就是闻名世界的"索杰纳"火星车。"索杰纳"的任务是对登陆器周围进行搜索，重点是探测火星的气候及地质方面的数据。

早在1971年，苏联曾向火星发射了两辆火星车，但是一辆撞毁了，另一辆只工作了20秒钟。因此"索杰纳"是在另一颗行星上真正从事科学考察工作的第一台机器人车辆。"索杰纳"是一辆自主式的机器人车辆，同时又可从地面对它进行遥控。设计中的关键是它的重量，科学家们成功地使它的重量不超过11.5千克。该车的尺寸为630毫米×480毫米，车轮直径13厘米，上面装有不锈钢防滑链条。机器人车有6个车轮，每个车轮均为独立悬挂，其传动比为2 000∶1，因而能在各种复杂的地形上行驶，特别是在软沙地上。车的前后均有独立的转向机构。正常驱动功率要求为10瓦时，最大速度为0.4米/秒。

"索杰纳"是由锗基片上的太阳能电池阵列供电的，可在16伏电压下提供最大16瓦的功率。它还装有一个备用的锂电池，可提供150瓦/时的最大功率。当火星车无法由太阳能电池供电时，可由它获得能量。

"索杰纳"的体积小，动作灵活，利用其条形激光器和摄像机，可自主判断前进的道路上是否有障碍物，并作出行动的决定。"索杰纳"携带的主要科学仪器有：一台质子X射线分光计（APXS），它可分析火星岩石及土壤中存在哪种元素，并提供其丰度。APXS探头装在一个机械装置上，使它可以从各种角度及高度上接触岩石及土壤的表面，便于选择取样位置，它所获得的数据，将作为分析火星岩石成分的基础。

从1997年7月4日登上火星之后，"索杰纳"和"探路者"就开始传回那里的红色岩石的图像及每日的天气情况。在火星上工作的几个月里，"索杰纳"共行驶了 90 多米,分析了岩石成分,拍摄了 500 多幅照片,而登陆器的摄像机共拍摄了 16 000 多幅图像,发回 26 亿比特的科学数据。"索杰纳"原来的设计寿命为 7 天,登陆器为 30 天以上。然而,索杰纳却工作了 3 个月,是原设计时间的 12 倍多。探路者的主发射机直到 1997 年 9 月 27 日才停止工作,它的微型辅助发射机直到 10 月 6 日仍发回信号,此后才陷入沉没之中。

经过登陆器及"索杰纳"机器人的探测和分析,证明了火星上具有粉红色的云彩,它主要是由灰尘构成的,因而火星上是不会下雨的。但是在日出前可以看到近于蓝色的云层,它们是由冰粒子组成的。据实测,火星上也有大气湍流,其气压及温度的变化很大。有关火星云层及气压变化的发现是这次考察最有意义的成果。此外还发现,火星上至少有两种不同类型的岩石,一种含硅量较高,另一种含硫量较高。

■ **太阳能机器人**

为了解决登陆火星的能量问题,美国已研究利用太阳能做能源的机器人。机器人利用太阳帆板追踪太阳而获得能量,能够昼夜不停地工作。一种名叫"亥伯龙"的 4 轮机器人已经诞生,样机身材为:2 米长,2 米宽,3 米高,质量 120 千克,太阳能帆板面积 3.5 平方米,能产生 200 瓦电功率,一天可探索 20 多千米。利用太阳能仪器的最

"亥伯龙"机器人

大的问题之一是一旦电池板偏离了正常位置,将得不到电能,为此,研究者又开发了"太阳能同步器",应用于"亥伯龙"号上,就是使机器人可以测定自己的方向和太阳的位置,随时找到最适合吸取太阳能的位置,即像向日葵一样,永远朝向太阳。目前为止,"亥伯龙"还是样机有待实验考核,专家预言,如果这种机器人研制成功,可以在火星(或其他星球)上工作好几年。

科学第一视野 | KEXUE DIYI SHIYE

■ 修理"太阳峰年卫星"

1984年5月，美国卡特维尔角航天中心的发射场上，"挑战者"号航天飞机已经升到高高的发射架上，等候着最后的发射命令。这是它第五次太空之行，不同以往的是，在它的货舱里端坐着一位不同凡响的"人物"——机器人"加拿大"。随同的还有五位美国宇航员，他们是指令长克里平、驾驶员斯科比、飞行专家纳尔逊、范霍夫坦和哈特。

随着指挥台的一声令下，"轰"地一响，"挑战者"号呼啸着腾空而起，直上云天。30秒钟以后就进入了离地面463公里的太空。

"挑战者"号航天飞机

"挑战者"号航天飞机这一次升空，有三个任务。第一是施放一颗重11吨的科学试验卫星，第二是研究蜜蜂在航天飞机上的生活情景，而重要的任务是要修理一颗发生故障的"太阳峰年"卫星。

"太阳峰年"卫星，是目前世界上专门用来探测太阳活动情况的卫星。

在我们的眼睛里，太阳好像天天都是一个样子：每天从东方升起，西边落下，总是那么红彤彤、光灿灿。其实，太阳也在不断地变化着。太阳的表面有无数细小而明亮的斑点，太阳的光就是这些斑点发出的。说它们细小是相对太阳的大来说的，而实际上每个斑点的直径有1 200公里左右。斑点之间是太阳黑子，黑子比斑点大很多倍，平均直径为5～6万公里，最大的可达10万公里以上，里面可以装得下几十个地球呢！

黑子经常成对、成群地出现。大家如果戴上深色的太阳镜，就能看到太阳中间的一块块黑子云。人们通过长期观察发现，地球上的环境变化同太阳黑子的活动有很大关系。如世界性的洪水暴发、大面积的干旱、多发

性地震、火山的大量喷发等，都是发生在太阳黑子运动频繁的年份。

由于太阳活动对人类的影响很大，所以人们一直在研究它的变化，以期更好地掌握它的规律。施放"太阳峰年"卫星的目的也是如此。

据天文学家推断，太阳活动峰年，12年为一个周期。1980年是太阳活动峰年，1992年又是一次。为了观察1980年的太阳活动，美国在同年2月施放了一颗"太阳峰年"卫星。令人遗憾的是，这颗卫星9个月以后突然发生了故障，地面再也收不到它拍回的太阳活动照片。尔后，这颗卫星就在太空中空转了几年。

以往，人造卫星出了毛病，就只有扔掉。随着宇宙机器人的诞生，科学家们又动开了脑子：让机器人把坏了的卫星"捉"回来，修理一下再"放"出去不是挺好吗？抓紧时间把"太阳峰年"卫星修好，还可以让它观察1992年的太阳峰年活动。天文科学家们，将希望寄托在机器人"加拿大"身上。

机器人"加拿大"，是加拿大300多名工程技术人员花了5年时间，耗资一亿多美元才研制出来的。从外形上看，它只有一只手臂，全长15米，手臂功能齐全，几乎能和人的手臂媲美。机械手的肩部固定在航天飞机的货舱前面，整个手臂有6个关节，末端是肘。从肘部到腕部之间连着一根轴，腕部有3个关节，腕以下是手。这种结构的机械，科学家们称它为"终端操纵设备"，就是所有的命令，最终由"手"来完成。

连接关节的"骨骼'，是用重量很轻的复合材料做成的。每个关节装有6台小型电机，这些电机使关节活动灵活。就像人的手臂上经络满布一样，整个机械手上线路密密麻麻，一直连接到它的"大脑"。机械手的"皮肤"，能隔绝来自宇宙中的极热，或抗御宇宙中的严寒。

"加拿大"手机器人，在三年的试制过程中，进行了多次"捉""放"卫星的实验，每次都将模拟的情景录下来，利用计算机进行分析，提出修改方案，直到达到令人满意的程度，才给它发了"太空通行证"。

1984年4月7日，"挑战者"号顺利进入预定轨道，"加拿大"机器人开始执行第一项任务：在宇航员的精心操作下，它将那颗重11吨的卫星

"抓"出货舱,"放"到太空中去。

这颗卫星的体积有一辆公共汽车那么大。里面装有57种实验设备,107种蔬菜和水果,以及120个品种的花卉种子。植物学家们想要了解一下,在太空失重和宇宙辐射等情况中,对种子发芽有何影响。

这么重的家伙,"加拿大"手是怎样将它"抓"出?又是怎样将它送入轨道呢?莫非这个机器人的手真有力举万斤的本事?原来,在远离地球几百公里高的太空中,既没有地球的引力,也没有空气的阻力。这就是宇宙中的失重现象。当机器人把试验卫星抛出航天飞机的时候,给了它一个加速度,以后卫星就在惯性的作用下,以这个速度在太空中不停的飞行着。

施放卫星的成功,极大地增强了宇航员对"加拿大"手机器人的信心。他们立即开始准备捕捉"太阳峰年"卫星的工作。第一次由指令长克里平操纵机器人去捕捉,可是这颗卫星自转速度太快,机械手变换了好几种姿势,就是抓不住它,看来得想新的办法。

要拯救这颗失灵的卫星,必须首先将它的速度降下来。人造卫星没有发动机,没有驾驶员,它的动力来自自身的太阳能帆板。好在地面指挥中心对它还有些控制作用。宇航员向地面报告了他们的要求,于是设在美国马里兰州航天中心的科技人员用无线电指令来"命令"卫星减速。他们忙碌了一天一夜,终于使卫星接受了指令,速度慢慢地减下来,最后稳定在12分钟自转一周的速度上。卫星的速度降低,为机器人"加拿大"的工作创造了条件。

4月10日,克里平驾驶着"挑战者"号航天飞机追赶卫星,他连续三次用火箭加速,在绕着地球转了三圈之后,追上了卫星。哈特在密封舱内,全神贯注地操纵机器人,当离卫星不到15米的时侯,机器人伸出了手臂,动作敏捷地一下子用金属丝手指,抓住了那颗高5.4米、重2.5吨,还在不断旋转着的"太阳峰年"卫星,并将它轻轻地吊进航天飞机的货舱,小心翼翼地放到修理架上。

这时候,航天飞机正飞越在印度洋上空。哈特异常激动地向地面指挥中心报告:"我们捉住了。"地面指挥中心、各个控制台前欢声雷动。4

月11日，宇航员范霍夫坦和纳尔逊，在机器人的帮助下，开始对"太阳蜂年"卫星进行抢修。他们用特制的工具，拧开了20多颗螺钉，换置了一套失灵的控制组件和一个损坏了的电子箱。修理工作开展得比较顺利，原计划6小时才能完成的修理任务，只用3小时25分钟就完成了。接着，宇航员通知地面，开始对卫星的性能进行测试。地面指挥中心工作了一整夜，证明修理过的卫星工作很好，并立即指示宇航员把它送回太空去。

4月12日早晨，哈特再次操作机器人，抓起卫星，缓缓移出货舱，轻轻地将它"放"回距离地球400公里高的太空轨道。为了慎重，"挑战者"号航天飞机，还尾随跟踪它飞行了一段时间，直到地面指挥中心确定卫星工作完全正常，"挑战者"号航天飞机才"依依不舍"地离它而去。

这颗失灵了三年多的"太阳峰年"卫星又获得了"新生"！

■ 新型太空机器人

早期的太空机器人只是低等的，科技含量相对较低。随着空间科学的飞速发展，科学家们非常需要有多种传感功能、会作分析判断、能自我检查维修的新型高智能太空机器人。美国登天的"太空清道夫"、"漫游者"及"海盗3"号即是其中典型代表。

太空清道夫的全称是"太空自动处理轨道碎片系统"，专门用以消除对航天活动危害日益严重的"太空垃圾"。它进入太空后即会自动搜寻猎物——失效的或已被废弃的人造卫星(包括运载火箭)及其碎片残骸，凡其"目力"所及，小的手到擒来，大的

■ 图与文

太空机器人是一种在航天器或空间站上作业的具有智能的通用机械系统。太空机器人具有机械臂和电脑，能实现感知、推理和决策等功能，可以像人一样在事先未知的空间环境下完成各种任务。

则用激光把它们切成小块，再一一装入"肚子"——贮存箱内。

专门用以修复卫星的"漫游者"有4条灵活的机械臂，装有新颖的空气动力推进系统和大功率助推火箭，可独立飞行，也可根据需要随时调整轨道和速度。

"海盗3"号实质上是用于火星探测的一辆自动车。它的外形很奇特，两个直径5米的大车轮各由8个乙烯树脂气囊构成，这辆车可自动前进、后退、拐弯，还能越过1.5米高的障碍，并装有自动回避危险的装置。

另一方面，由于近年来集成电路精细加工技术不断有重大突破，人们已能把电源、传感器、驱动、传动、自控装置集成于绿豆大小的多晶硅片上，21世纪，微型太空机器人成为了空间探测的又一主力军。据报道，20世纪90年代初，美国麻省理工学院人工智能研究所已制成3种很小的机器人。其中，最小的一种其体积只有乒乓球大小，重量不到50克。1995年研制出的"姆休"机器人外形像只小甲虫，前面两根触须似的导线用于供给电源。"姆休"不仅能循光行走，也可自己行动。

可以遐想一下，到人们建造月球基地时，必然会先派遣大量"蚂蚁"式的6足机器人去当"建筑工人"，让它们在月球上挖土、推土，做好一切准备工作。在进行火星探测时，又可让成千上万的"蚊子"型微型机器人当开路先锋。由于它们的6条腿中都安装有储存着太阳能的硅弹簧，在其不断更换落地点的同时，从与火星尘土的作用力的分析便可确定火星土壤的特性及有关该星球的地形、地貌。人类如果登上某个星球，那些"小精灵"又可为人类乘坐的大型车辆开路，它们会把越野车前面的地形特征、地貌状况及时传送过来，以避免出现各种可能的危险。

美国佐治亚理工学院和俄亥俄航空宇宙研究所的研究人员，正在积极推进一项名为"昆虫翼"的机器昆虫研究计划。根据设想，由火星车发射的机器蜻蜓探测器，将在复杂多变的地形飞行数百米之后，在火星地面采集土壤标本，然后返回火星车进行燃料补给，并下载收集到的数据。

由于火星的大气极为稀薄，大约只有地球的1%，飞行器很难产生所需的升力。因此，普通飞机如果在火星飞行，必须保持每小时400多千米

的速度。按照现有技术，显然难以进行采集土壤样本之类的科学调查。开发机器昆虫的设想，在很大程度上得益于对昆虫飞行的最新研究成果。研究发现，昆虫在空中振翅飞行时，产生在翅膀前端的细小低压气旋，足以产生维持昆虫飞行的升力。根据仿生学原理，昆虫飞行器有多个摄像头，可以模拟昆虫复眼的视角采集周围各个角落的图像。昆虫飞行器在飞行时，摄像机会把采集到的图像信息随时传回一个精致的小型传感器，传感器根据来自每个角度的图像信息判断自己的位置，指挥飞行状态。

水下机器人

■无人遥控潜水器

随着人类开发能力的加强，人类逐渐从陆地开发向水下开发进军。水下开发和陆地开发有着很大的不同，水下开发，目前主要是指海底矿产资源和生物资源的开发。海底，特别是深水海底的开发，靠人下潜存在很多困难和危险，有很大的不现实性。因此研究探索水下机器人是非常必要的，事实上，世界各国也进行了多年水下机器人的研制，海底的情况十分复杂，它既不同于陆地，也不同于太空，给机器人的研制带来很大困难。首先是海底压力大，随着下潜深度的增加，压力不断增加，在海洋中，每下潜100米就增加10个大气压，这就要求机器人上的每一个部件都必须能承受住这么大的压力而不变形、不破坏。6 000米洋底的压力高达600个大气压，在这么高的压力下，几毫米厚的钢板容器会像鸡蛋壳一样被压碎。而对于浮力材料，不仅要求它能承受住这么大的压力，而且要求它的渗水率极低，以保证其密度不变，否则机器人就会沉入海底。水比空气密度大，就是说机器人在水中运动要消耗比在空气中更大的能量。海水是导电物质，能使无线电波迅速衰减，甚至无法传播，只好代之以水声技术，而且还要求机器人的电气设备、插件及电缆不能丝毫渗漏。红外照相、遥感及远距离摄影等技术在陆地和空间已成功地应用了，但由于光波在水中的散射、损耗和吸收，它的传播距离大大缩短。目前最好的微光摄像机在最佳的水质中的视距也不过十几米。怎样把水下机器人的"近视眼"变成"千里眼"，还有待水声设备及光学技术的进一步发展。水的密度和黏滞度比空气高得多，海面的风浪涌变幻莫测，海底又是千山万壑、暗流纵横的黑暗世界，机器人在这样复杂的环境中工作真是危机四伏。这使得机器人的航行控制、自我保护、环境识别和建模比航天器更困难。另外，水下机器人的回收至今仍是一个没有完全解决的问题，尤其是在深海区的回收更加艰难。

水下机器人的工作方式是由水面母船上的工作人员，通过连接潜水器的脐带提供动力，操纵或控制潜水器，通过水下电视、声纳等专用设备进行观察，还能通过机械手，进行水下作业。目前，水下机器人主要有，有缆遥控潜水器和无缆遥控潜水器两种，其中有缆遥控潜水器又分为水中自航式、拖航式和能在海底结构物上爬行式三种。

特别是近年来，无人遥控潜水器的发展是非常快的。从1953年第一艘无人遥控潜水器问世，到1974年的20年里，全世界共研制了20艘。特别

水下伐木机器人

是1974年以后，由于海洋油气业的迅速发展，无人遥控潜水器也得到飞速发展。到1981年，无人遥控潜水器发展到了400余艘，其中90%以上是直接或间接为海洋石油开采业服务的。1988年，无人遥控潜水器又得到长足发展，猛增到958艘，比1981年增加了110%。这个时期增加的潜水器多数为有缆遥控潜水器，大约为800多艘，其中420余艘是直接为海上油气开采用的。无人无缆潜水器的发展相对慢一些，只研制出几十艘。另外，载人和无人混合潜水器在这个时期也得到发展，已经研制出几十艘。

1987年，日本研究成功深海机器人"海鲀3K"号，可下潜3 300米。研制"海鲀3K"号的目的，是为了在载人潜水之前对预定潜水点进行调查而设计的，供专门从事深海研究的，同时，也可利用"海鲀3K"号进行海底救护。

■图与文

无人遥控潜水器（ROV）是无人潜水的重要设备。由于无人遥控潜水器具有安全、经济、高效和作业深度大等突出特点，在世界上得到了越来越广泛的应用。

"海鲀3K"号属于有缆式潜水器，在设计上有前后、上下、左右三个方向各配置两套动力装置，基本能满足深海采集样品的需要。1988年，该技术中心配合"深海6500"号载人潜水器进行深海调查作业的需要，建造了万米级无人遥控潜水器。这种潜水器由工作母船进行控制操作，可以较长时间进行深海调查。日本对于无人有缆潜水器的研制比较重视，不仅有近期的研究项目，而且还有较大型的长远计划。目前，日本正在实施一项包括开发先进无人遥控潜水器的大型规划。这种无人有缆潜水器系统在遥控作业、声学影像、水下遥测全向推力器、海水传动系统、陶瓷应用技术水下航行定位和控制等方面都要有新的开拓与突破。这种潜水器性能优良，能在6 000米水深持续工作250小时，按照有关计划还将建造两艘无人遥控潜水器，一艘为有缆式潜水器，主要用于水下检查维修；另一艘为无人无缆潜水器,主要用于水下测量。这项潜水工程由英国、意大利、丹麦等国家的17个机构参加。英国科学家研制的"小贾森"有缆潜水器有其独特的技术特点,它是采用计算机控制,并通过光纤沟通潜水器与母船之间的联系。母船上装有4台专用计算机,分别用于处理海底照相机获得的资料,处理监控海底环境变化的资料,处理海面环境变化的资料,处理由潜水器传输回来的其他有关技术资料等。母船将所有获得的资料经过整理,发送到加利福尼亚太平洋的实验室,并贮存在资料库里。

无人有缆潜水器的发展趋势有以下特点:一是水深普遍在6 000米;二是操纵控制系统多采用大容量计算机,实施处理资料和进行数字控制;三是潜水器上的机械手采用多功能,力反馈监控系统;四是增加推进器的数量与功率,以提高其顶流作业的能力和操纵性能。此外,还特别注意潜水器的小型化和提高其观察能力。

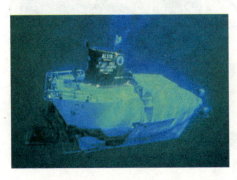

"逆戟鲸"号无人无缆潜水器

1980年法国国家海洋开发中心建造了"逆戟鲸"号无人无缆潜水器,最大潜深为6 000米。"逆朗鲸"号潜水器先后进行过130多次深潜作业,完成了太平洋海底锰结核调查、太平洋和地中海海底电缆事故调查、洋中脊调查等重大课题任务。1987年,法国国家海底开发中心又与一家公司合作,共同建造"埃里特"声学遥控潜水器。用于水下钻井机检查、海底油机设备安装、油管铺设、锚缆加固等复杂作业。这种声学遥控潜水器的智能程度比"逆戟鲸"号高许多。1988年,美国国防部的国防高级研究计划局与一家研究机构合作,投资2 360万美元研制两艘无人无缆潜水器。1990年,无人无缆潜水器研制成功,定名为"UUV"号。这种潜水器重量为6.8吨,性能特别好,最大航速10节,能在44秒内由0加速到10节,当航速大于3节时,航行深度控制在±1米,导航精度约0.2节/小时,潜水器动力采用银

锌电池。这些技术条件有助于高水平的深海研究。另外，美国和加拿大合作研制出能穿过北极冰层的无人无缆潜水器。

今后，无人无缆潜水器将向远程化、智能化发展，其活动范围在250～5 000千米的半径内。这就要求这种无人无缆潜水器有能保证长时间工作的动力源。在控制和信息处理系统中，采用图像识别、人工智能技术、大容量的知识库系统，以及提高信息处理能力和精密的导航定位的随感能力等。如果这些问题都能解决了，那么无人无缆潜水器就能是名符其实的海洋智能机器人。海洋智能机器人的出现与广泛使用，为人类海底勘探活动提供了技术保证。

■ CR－01机器人

我国有辽阔的海域，因此，国家对开发水下机器人非常重视。CR-01是我国自行研制的6 000米水下无缆自治机器人，外形像一个小潜艇，长4.374米，宽0.8米，高0.93米，质量1 305.5千克，由载体系统、控制系统、水声系统、收放系统4大部分组成。机器人上装有垂直推进器和侧移推进器，机动性强，能自动定深、定向，装有长基线声学定位系统和卫星定位系统，配备各种传感器、探测器，便于记录温度等参数，装有CPU及多级递阶控制结构，方便编入、修改程序。最大航速2节（"节"是速度单位，1节=1海里/小时，1海里=1 852米），续航时间为10小时，定位精度10～15米，能完成水下摄像、海底沉物目标探测、海底地势测量、海底多金属核矿测量等任务。

1997年6月，在烟波浩渺的太平洋，中国的"大洋1号"考察船停泊在夏威夷以东1 000海里的海面上，5 000吨的考察船就像一片树叶似地，时而被海浪推上波峰，

图与文

CR-01机器人的成功研制和应用，使我国具有了对除海沟以外海域进行详细探测的能力。

时而又抛到波谷。考察船上的人们忍受着摄氏40度的高温，站在摇晃的甲板上俯视着海面，正在焦急地等待着、寻找着什么。"看！上来了。"有人喊道。顺着手指的方向人们看到了一个貌似鱼雷的家伙浮出了水面，这正是人们急切盼望的"CR-01"6 000米水下机器人。

科学家们从机器人的机舱里取出一面鲜艳的五星红旗，是它伴随着机器人潜入5 179米的太平洋海底。五星红旗迎着海风飘扬，它向世人宣告，中国的6 000米自治水下机器人的工程试验获得了成功，它是我国成功发射的第一颗"返回式海底卫星"。标志着我国自治水下机器人的研制水平已跨入世界领先行列。

试验表明，CR-01水下机器人的长基线声呐定位系统可报告机器人的深度、高度和航向；机器人可根据水声信道发来的遥控命令上浮、下潜、左转、右转和结束使命等，实现了自治水下机器人从预编程型向监控型的转变。

CR-01在1995年8月两次完成了太平洋海底功能试验，1997年5～6月完成了工程化试验，并对太平洋海底的多金属核矿进行了调查。CR-01机器人的成功使我国对地球海洋97%的海域具有了详细探测的能力，从而使我国在深海探测方面位居世界强者之列。

CR-01机器人

在此基础上研制的CR-02机器人，外形酷似鱼雷，直径800毫米，长4米，可以紧贴海底工作，它的功能扩大为：深海深度、温度、海水流速的调查，深海海底资源调查、海底采矿的前期调查。

■ **水下机器人海底探险**

20世纪60年代初，海底扩张和板块构造学说出现了。为了替这理论寻找更多的证据，就必须到海底扩张的地方进行调查。20世纪60年代末，海洋地质学家借助于声纳技术，探测到大西洋中部洋底有一条奇特的山脉，

这条山脉非常古怪，两坡陡峭，山脉本该是山脊线的地方却是一道深深的裂谷。而且，这条山脉宽不过300～400千米，而长则达4万千米，纵贯大西洋南北，一直延伸到印度洋、南极洲附近，像一条海底巨大的拉链。海洋地质学家把这条山脉称为洋中脊，而把山脉顶部的裂缝称为中央裂谷。

1971年3月和11月，法国和美国的科学家两度会商准备合作探测洋中脊和中央裂谷。他们制订了"费摩斯"行动计划。"费摩斯"一词的英文意思是"著名"。它确实是著名的，不仅启用了世界上最先进的水下机器人，还实现了轰动世界的海底新发现。

"费摩斯"行动计划开始于1973年夏季，科学探险家们汇集在大西洋中部海域。这里的海底地形复杂，经常有海底火山爆发。水下机器人"阿基米德"号率先孤军作战。虽然"阿基米德"号深潜过160多次，安全性能好，但年长日久不免老迈而显得有些笨拙。

1973年8月2日上午9点06分，"阿基米德"号开始下潜。它以每秒30分米的速度沉落，再次进入一个寒冷、静寂、高压和漆黑一片的世界。下潜的三位乘员中，心情最激动的要数首席科学家勒皮雄，他将是世界上第一位看到洋中脊的人，也是降到中央裂谷底部的第一个人。勒皮雄是海底扩张学说的积极倡导者，这次下潜探险是对理论与事实是否相符的一个检验。

3个小时之后，洋底已在"阿基米德"号的下面呈现，勒皮雄的眼睛紧贴着舷窗。他突然惊呼起来。"看，熔岩！"他感到极为振奋，因为在深潜器的前方，巨大的熔岩像瀑布似的从几乎是垂直的陡坡上倾泻而下。"阿基米德"号继续沿着中央裂谷的岩壁小心翼翼地降落。勒皮雄又看到了壁上许多"管道"，活像大管风琴的音管，参差不齐地排列在那里，直径大都为1米多。管道是黑色的，在深潜器的探照灯光下闪出黑珍珠般的光泽。勒皮雄一边拍着照，一边想象着熔岩瀑布形成时的壮观景象：炽热的岩浆从裂谷底部纵横交错的裂隙里涌出来，流向四方，然后被海水冷却凝结成红色的"瀑布"，而黑色的管道则可能是岩浆透气的"烟囱"　这里熔融的岩浆和陡峭的悬崖峭壁也许就是现存大陆的起源之处。

12点15分,"阿基米德"号轻轻着底。海底与刚才所见的景况大不一样,尽是些破碎的岩块,不过它们的大小却出奇地均匀,像铺铁路的道碴。远处还可以看到一些完整无损的枕头状熔岩块,岩块上蒙着一层"霜",那是海洋浮游生物的钙质遗骸,使整个洋底看上去像一块白色的帘布。

"阿基米德"号在到处是陡壁断崖的中央裂谷底部潜航了两个多小时,进行了全方位的科学调查。14点56分,电池的电快用完了,3位海底探险者决定上浮。一个多小时之后,他们回到了海面。在母船上焦急地等待着他们的其他科学家,一看到他们欢快的眼神便明白,他们已经找到了打开海底秘密大门的钥匙。

随后,"阿基米德"号又下潜了6次,在中央裂谷底部的一座小火山周围考察了9千米,采集了岩石90千克,拍摄照片2 000多张。

9月6日,"费摩斯"行动计划的第一航次结束。母船载着遍体鳞伤的"阿基米德"号返回法国的土伦港,它要经过一段时间的休整,才能接受更为重要的探险任务。

1974年6月,"费摩斯"行动计划第二航次的准备工作已经就绪。这一航次是由3条深潜器并肩作战。由于上年"阿基米德"号对中央裂谷底部已有所了解,而对谷壁仍一无所知,所以三个机器人的具体分工是:"阿基米德"号在谷壁活动,"阿尔文"号到中央裂谷的轴部探险,而后起之秀"赛纳"号则去北部的海底大断层学术上称"转换断层"的地带考察。

7月12日,"赛纳"号的身影在大西洋炎热的海面上消失,慢慢地向洋底降落。它轻手轻脚地接近大西洋洋中脊的顶部,然后无声无息地驶入深处。不久,"赛纳"号里传出一声愉悦的呼声:"我看到海洋的'伤痕'了。"这时,观察窗前的海洋"伤痕"是一幅令人眼花缭乱的景象:液态的熔融物从裂缝中流出,遇到寒冷的4℃的海水,骤然凝结,迅速形成千姿百态的海底奇观。有的像巨大的蘑菇,有的像丝光蛋卷,又有的像款款飘动的纱巾。更令人惊奇的是裂缝中还时常喷发出炽热的金属熔液,它的主要成份为锰。这是富有价值的海底"露天"矿床。

在几千米深的洋中脊进行科学探险,就像与死神作伴同行,稍有不慎

便会葬身海底。当"赛纳"号满载着科学资料缓缓上升到水深 800 米处时，突然发生了一阵猛烈的碰撞，紧接着是沉闷的响声和深潜器的可怖的抖动。深海探险家立刻采取应急措施，让"赛纳"号悬浮在海中，就像一只装死的海龟。这时观察窗前出现一阵浓浓的黑雾，后来，一道巨大的阴影盖在有机玻璃上。他们紧张得凝神屏息，等了好久，阴影终于"飞"开了。他们连忙重新启动上浮装置，回到了海面。但是他们一直不知道撞上了什么东西。

　　7月17日，"阿尔文"号在洋底潜航时，看到了一堵高10米的岩墙，接着又看到一堵岩墙，几堵岩墙看上去像一座海底古城的遗迹。科学家们立刻联想到关于"大西国"的传说：许久许久之前，有个高度发达的国家，几天之间就沉没在海底。这会不会就是人们争论不休的"大西国"呢？"阿尔文"号在不足4米宽的"古城街道"上踽踽而行，发现这些墙与中央裂谷大致平行，高 4～10 米，厚 20～100 厘米，两墙相距 3～4 米，因此它们不可能是人造的墙，而是坚固的岩脉。它的较强的抗蚀能力，使它有别于四周易剥蚀的岩石。

■图与文

1964 年建造的"阿尔文"号是当今世界上下潜次数最多的载人潜水器。

接着"阿尔文"号看到了洋底各种形状奇特的生物，其中最为怪异的是一种叫"沙箸"的动物。它们像一堆堆扔在海底的乱七八糟的铁丝，能够放出冷光，与别的东西相撞就自行发热。"阿尔文"号里的科学家起初还以为是碰到海底电缆了哩。

　　"阿尔文"号向一处裂谷潜进。这里的深度为 2 800 米，两旁危岩耸立，不知不觉"阿尔文"号驶进了一条几乎与深潜器一样宽的狭窄裂缝，裂缝两旁的峭壁犬牙交错，使它向前不得。正当它缓缓后退时，突然崩陷下来的砂石纷落，如果不尽快撤离，随时有被喷发的岩浆流永远地"铸"在洋

125

底的危险。驾驶员临危不惧，立刻使深潜器左右摇晃，慢慢抖落压在上面的砂砾。经过90分钟的挣扎，"阿尔文"号终于脱离险境，驶出了这条可怕的裂缝。

8月6日，"赛纳"号和"阿尔文"号完成了各自的考察任务，憩息在母船上，唯独"阿基米德"号还要执行最后一项任务。当它在一条大裂缝里行驶时，猛地发现自己被夹在一条狭窄而弯曲的岩缝中。岩缝的上头是一堵坚实的岩墙，天花板似地挡在上面使它无法上浮；前方是一块尖锐的岩石，又使它不能穿越，后面则是条曲折的通道，一倒车可能会撞坏螺旋桨。"阿基米德"号用机械手推挡着岩壁。这样终于安全地退出"死胡同"，回到了阳光灿烂的海面。

■深海采油工

百年前，人们大多对石油并不熟悉。可如今几乎没有人不知道石油给人类带来的好处。可以这么说，没有石油和天然气，当代物质文明就无法维持。

石油经过加工提炼，可以生产出汽油、煤油、润滑油、固体石蜡等产品。而且石油还是制造溶剂、塑料、合成纤维等产品的重要原料。

石油用途这么广泛，但是它在陆地上储量并不丰富,而且分布极其不均。有的国家整个地下流的几乎全是石油，如亚洲的科威特、沙特阿拉伯、伊朗、伊拉克等国，不仅地下石油储量多，质量也好。而有些国家的地层下面几乎是枯竭的，钻进地下几千米，流出来的只是一些水和油的混合体。

经过多年的探测和实地开采，人们发现大海不但蕴藏着丰富的矿物宝藏，而且在海底还蕴藏着丰富的石油。

海下石油一般分布在近海。在各沿海国的大陆与深海之间，有一段地势平坦的海域，人们称它们为"大陆架"，意思是支撑大陆的架子。大陆架是陆地的自然延伸，资源归各沿岸国所有。

石油虽然藏在近海，但要将它们采上来并不容易。就说兴建一座钻井平台吧，首先要派潜水员下海去勘测地形，收集资料，然后要浇筑基础、树立井架、安装输油管道等等。这一切工作都得要潜水员去做。一个潜水

员在深海工作一个小时就要花费几千元的开支，更重要的是海底作业十分危险，稍有不慎就可能葬身海底。

有谁能替人去从事水下作业呢？具备条件的，只有水下"石油工机器人"。

为了能在深海擒住海底油龙，各国纷纷研制出各种式样、多种用途的"石油工机器人"。

在众多的水下"石油工"

海上钻井平台

中，要数"尤尼莫"最为能干。尤尼莫身高 7.5 米，体重三吨，长着一双大眼睛，四只手。两只大眼睛由两台水下摄像机组成，通过电脑控制，它们能使尤尼莫在水下眼观六路。四只手中，有两只是主动机械手，两只为辅助机械手。它们的作用是安装和维修水下石油管道，辅助机械手托起一根几十公斤重的管子，主动机械手就能快速地拧紧管子，几分钟就可以安装好一节管道。

"尤尼莫"身上配有一台主推动器和一台辅助推动器。主推动器能够使"尤尼莫"前后移动，辅助推动器帮助它精确定位。

英国有一个机器人——"深海采油工"。它是一个巨大的连体机器人，并排长着 5 个"大肚子"，直径有 12 米，长 65 米，"肚皮"厚 0.5 米，是钢筋和混凝土的结合体，"大肚子"之间有气阀门相通。这个巨大的连体机器人的"肚子"并不是用来装石油的，而是水下工作人员的居住室和工作室。每个"肚子"里容纳 50 名工作人员，他们在里面，可以像生活在陆地上一样。工作室里，装有生产石油的仪器和设备。从海底石油管道里进来的石油，在这里直接进行初步加工，把水除掉，再将石油和天然气分开，通过不同的管道送到采油船上。住在这里边的工人，每两个星期轮换一次，由一艘小型潜艇载着他们进行换班。由于机器人"深海采油工"的石油生产全部是电脑控制,所以采油效率高,质量好。

"深海采油工"没有行走的本领,要它更换工作地点,就要将它"肚皮"里的水抽干,它就自动浮起来,由大型拖轮拖着它行走。到了目的地,再给它的"肚皮"充满水,它就又钻进海底去了。

挪威的北海油田,有一个名叫"游泳工具"的机器人。它是专门在水下维修采油装置的。它重6吨,长3.5米,宽2米,高1.9米,机械手上装有绞车和抓钩,及电视摄像机。它的大脑里记着人们为它准备的石油装置的维修经验和方法,因此,常见的故障它能"手"到病除,而且干活十分"自觉",不要监视督促。

■水下深海捞氢弹

1966年1月17日,在西班牙的帕路马雷斯上空,美国的一架B-52轰炸机与一架KC-135加油机相撞,飞行员弃机跳伞,两架飞机却纷纷坠落。

B-52轰炸机上有4枚氢弹,也随之散落,美国军队赶到现场,其中3枚氢弹在村庄的边上找到,而另一枚发现已掉入地中海海底。这枚氢弹相当于2 000万吨TNT炸药,如果爆炸,后果不堪设想,因此,地中海沿岸各国,一致向美国政府提出抗议。

美国海军派出了深水潜艇"阿尔文"号和"阿鲁明诺特"号在茫茫大海中搜索现场。"阿尔文"号有一个球形舱是载人用的,它有三名舵手。

氢 弹

两名舵手在舱内操纵下沉与搜索,一人在海面的母船上记录潜艇的信号,跟踪潜艇,并通过"水听器"向舵手指示方向。在深水中,常规的无线电信号已不实用。

"阿尔文"号对每一厘米海底都进行了仔细地搜索,但深海海底一片漆黑。

有人告诉搜索人员，在飞机相撞之后，一位西班牙渔民看见了一顶大降落伞挂着一件东西坠入海中。在这个人的指点下，终于在3月13日这天，"阿尔文"号在海下沿着陡坡下滑，舵手看见了悬崖上挂着一件好像是雪球般的东西。又过了两天，"阿尔文"号等待"阿鲁明诺特"号来会合，以便进一步证实这是不是所要找的氢弹。

等"阿尔文"号充足了电，将机械手臂装好，在海下拍摄了照片，才证明找到的确是氢弹。这颗氢弹落在那765米深的海底。

"阿尔文"号的机械臂"拿"一只夹钳下潜，想把夹钳扣在氢弹的中部。但试来试去，总是夹不住。后来，一个"抓机"勉强同降落伞吊伞绳的顶端连上。有一根25厘米粗的尼龙绳把"抓机"同锚连在一起。企图就这样把降落伞连同氢弹一起吊出水面。可是，吊到离海面还有100米的时候，绳索断了，氢弹又掉入了海底。

"阿尔文"号在第30次下潜时，终于在离原来位置的下方不到100米处，发现氢弹躺在很陡的斜坡底部的一个裂缝里。

最后，只得请机器人"科沃"来帮忙了。"阿尔文"号把一个超声波发生器安在降落伞上，以便给"科沃"指示氢弹的位置。

"科沃"是专门用来回收鱼雷的水下机器人。它身长4米，身上装有又粗又长的4个大浮筒，浮筒上有推进器和控制器。它的前边装有一个探照灯和一台摄像机，还有一个机械手臂，它的中间是半圆球的钢爪，前端还装有一个小钢爪。"科沃"身上装有各种仪器，其中装备着一个超声波探测器。超声波在水中传播，若是遇到障碍物，声波就被反射回来。这种仪器接收反射波，经过分析，就可以知道前方的东西和距离。

"科沃"身上还有一台位置测定仪，它可以测出"科沃"下潜的深度以及所在位置，并随时向母船报告。海面上母船的指挥人员，发布指令，指挥"科沃"的行动。

"科沃"下潜到海底，把一根缆绳系在降落伞上。虽然张开的降落伞死死地缠住了"科沃"。但是，"科沃"还是努力上浮，最终把流入海底的氢弹安全地拉出了水面。

■ 寻找"黑匣子"

"科沃"在海底捞起氢弹以后，人们对机器人的水下功夫赞叹不已。事隔9年以后，另一个水下机器人——"圣甲虫10号"，又进行了一次大海捞针似的海底打捞，从而又创造了机器人水下工作的新纪录。

1985年6月23日，一架印度航空公司的波音747喷气式客机，满载303名乘客和22名机组人员，从加拿大的蒙特利尔起飞，经英国伦敦，再飞往印度的孟买。不料，飞机在离爱尔兰西南160公里的大西洋上空时，突然失事坠入大西洋中，机上的乘客和机组人员全部遇难。

这架飞机是由美国环球飞机公司制造的。出事时，海面上风平浪静，蓝天中晴空万里，是什么原因引起飞机出事的呢？是飞机质量不好引擎出了毛病？还是驾驶员疏忽大意操作失控？要不就是恐怖分子蓄意破坏？要弄清飞机出事的真正原因，必须找到飞机上的"黑匣子"。

飞机"黑匣子"

"黑匣子"是人们对"飞行记录仪"的通俗称谓。这种记录仪器安装在飞机上，它能自动地记录飞机飞行的高度、速度、时间、航向等情况。记录仪里的录音机，随时录下飞机与地面无线电通话的内容及驾驶室里机组人员间的谈话。而且它的录音是循环式的，即不断地抹去老的内容，记下新的东西。

飞机一旦发生事故受到严重的撞击时，记录仪会自动停止，完好地保留飞机在出事前30分钟，飞机上各种情况及机组人员的留言。因此，它是分析飞机事故原因的重要资料。

整个记录仪都密封在一个十分结实的钢壳里，可以防撞、防压、防水、防火。放在火上烧30分钟也不会损坏记录，在海水长期浸泡后，只要用热风吹几个小时，记录的信息照样可以还原。飞机出事后，记录仪还能不断发出信号。

为了让人们能够在出事后尽快找到它们,钢壳一般都漆成鲜明的橙黄色或淡黄色。这就是说,"黑匣子"并不是黑色的。人们所以称它为"黑匣子",可能是它具有揭开事故秘密的神秘作用吧!

那么怎样才能找到这架出事飞机的"黑匣子"呢?

在飞机出事的那一时刻,一颗搜索和救援卫星正在绕地球飞行,它收到飞机入海水后自动发出的求救信号后,立即将这次空难消息传送到法国的卫星地面接收站。后经法国与有关国家联系,一支支救援队伍很快开进了出事海域。水下机器人"圣甲虫10号",也由飞机空运到了这里。

■ 图与文

救援卫星是一种用来营救失事飞机和船舶的人造卫星。1982年6月30日,世界上第一颗救援卫星"宇宙——1383"号由苏联发射成功。俄罗斯、美国、加拿大、英国、法国和挪威等国设有十一个地面接收站,形成了一个国际卫星营救系统。这个系统能在4小时内,把地球上每一个角落搜索一遍。

"圣甲虫10号"机器人比"科沃"的本领更高,能力更强。它下潜一次可在水下停留3~5天不出水,它身上配有水下照明设备、摄像机、声纳以及遥控信号收发装置等精良装备。而且身上有一条电缆与一艘停泊在海面上的法国工作船相连,船上的电力,可以靠它源源不断地供给机器人使用。

根据搜索卫星的报告,"黑匣子"所在的海域,水深有6 700多米,这又是一个人无法到达的深度。

一下水,"圣甲虫10号"机器人,就将可以识别目标和可以捕捉"黑匣子"电讯号的声纳、水中听音器打开了。下潜后它顺着飞机入水的方向搜寻了约1海里,没有发现目标。搜索卫星提供应搜索的海域面积有方圆5海里那么大,可一个"黑匣子"的体积仅只有一台普通电视机那样大小,这真是像大海捞针啊!尔后,"圣甲虫10号"又接到命令:向左往回搜索!

沿着这个方向又前进了 4 个小时，仍然没有发现踪迹。指挥船的专家们这时指示机器人：停止搜索原地待命。

下一步该怎么行动呢？

正在这时，营救人员已在这个海区的海面上发现了几十具死难者的尸体。这说明，飞机在这一地区坠落是确切无疑。针对这一情况，科学家们又再一次查阅了飞机出事那一时刻的风向、风速以及飞机的滑翔速度等资料，并作出扩大搜寻范围的决定。

"圣甲虫 10 号"在接到新命令后，不顾在水下连续工作 34 小时的疲劳，立刻投入了紧张的工作。

"有情况"，就在扩大搜寻范围命令发出后的 8 小时，"圣甲虫 10 号"发现前方的水下植物顺着一个方向倒了一大片，有的水草乱七八糟被揉成一团。很显然，它们是受到了很大的冲击。指挥船的电视屏幕上也同时显示了"圣甲虫 10 号"发回的图像。两天没有休息的工作人员，此时也兴奋起来，有的在海图上做标志，有的给机器人下达新的命令。终于，一架巨大的飞机轮廓出现在电视屏幕上。找到了飞机，就能找到"黑匣子"。按照飞机生产厂家提供的情况，"圣甲虫 10 号"开始打开飞机的后舱。此时它已经收到了"黑匣子"发出的电信号，顺着这个信号搜索，机器人很快地看到后舱座上放着的两个"黑匣子"。指挥船在此同时，向"圣甲虫 10 号"机器人传达了指令：用手抓紧！人们生怕这个到手的宝物又有什么闪失。机器人用最大的劲抓住"黑匣子"上的铁钩子，连"人"带物终于在持续奋战 19 个小时后，浮出了水面。

"黑匣子"提供了这次事故的真实情况：不知是谁放了一颗定时炸弹在一名旅客的行李箱中，这位旅客却全然不知道。在飞行途中炸弹爆炸，飞机的油箱被炸了一个大洞，燃油很快漏完，飞机引擎因无油供给，导致停火，飞机滑翔了一段时间后，坠入海中。

"黑匣子"提供的事实真相，为人们处理善后事宜，缉捕恐怖分子创造了条件。"圣甲虫 10 号"机器人，在水下寻找"黑匣子"成功，又为水下机器人写下了光辉的一页！

■揭开"冰海沉船"之谜

1912年4月10日,一艘英国制造的豪华客轮"泰坦尼克"号开始了它的第一次远航。它准备从英国南部的汉普顿,经加拿大,最后抵达美国的纽约城。

"泰坦尼克"号客轮,是当时世界上最大、最豪华的客轮。被人们誉为"海上王宫"。好多客人都是专程从外地或其他国家赶来坐等船票。参加这次首航旅游的人中,有不少是当时的百万富翁和社会名流。

"泰坦尼克"在音乐声中起锚出发了。4天以后,它已经驶过加拿大纽芬兰城。这时天色已晚,海上到处是漆黑一片。晚上约10点钟时,从上游传来消息:有大群的冰山正向下游漂来。随后就看到冰山出现在船的前方和两侧。这些冰山的大部分埋在水里,小的有几吨重,大的有几十到几百吨重。船长接到冰情的通知以后,

"泰坦尼克"豪华轮船

起初并没有引起重视,现在看到如此多的冰山向船袭来,不得不命令减速行驶,同时要了望的副船长小心行事。

深夜11时45分,熟睡的旅客感觉到船体震动了一下,伴随的是一轻微的"咔嚓"声。有人从船舱跑出来,看到一座比轮船的船舱还高的大冰山正在缓缓从船的左舷向下游漂去。"是冰山同船擦了一下。"客人们又纷纷回船舱休息。但是,事情远不是人们想象的那样简单,几分钟后,轮船的引擎声突然消失,轮船停在了这茫茫的冰水之中。无线电向四周发出了求救信号:"'泰坦尼克'在纽芬兰以东560海里处被冰山撞破船舷。机舱进水,引擎被淹,请求赶快救援。"但是还没有等救援船赶到,终因刨口太大,船很快沉入大西洋海底。

科学 第一视野 | KEXUE DIYI SHIYE

"泰坦尼克"船上的乘客和工作人员,在生死之际惊慌失措、乱成一团。船长爱德华告诉大家,船上只有能救援1 173人的救生设备,让妇孺老弱先上救生艇。船上乐队高奏赞美诗,甲板上生死离别的情景催人泪下。40分钟后,船头先淹没于水中,随后整条船沉入大海。船上2 335名乘客和船员,除726人幸免遇难外,其余的全部葬身海底。

转眼70多年过去了。"泰坦尼克"号轮船发生的海难事件,使当时世界为之震动,人们纷纷竞相传说这一事端的始末。继而反映这一题材的小说、电影相继出现,据资料介绍,与此事有关的电影就有十几部。然而,"泰坦尼克"号轮的残骸和船上死难者的葬身之地究竟在何处,这次海难的真实情景怎样?仍然是个谜。

1985年,法国一艘考察船采用先进的声纳绘图技术,终于确定了沉船的准确位置。

两个月以后,美国的一艘海洋考察船,用遥控的电视摄像机,在这一海区摄下的海底情景,进一步证实了法国考察船的发现。当天晚上,一些模糊不清的沉船镜头出现在美国电视屏幕上时,引起举国震动,人们纷纷要求打捞这艘沉船。"泰坦尼克"沉在3 400多米深的海底,有谁能靠近它呢?

1986年7月8日,准备已久的又一次勘探开始了。参加这次实地探测的两个主要角色,是两个机器人"阿戈"和"贾森",它们身高约90厘米,长约60厘米。是由美国海军设计、马萨诸赛州的海洋研究所制造的。

两个小个子机器人,服从一个"大个子"机器人"阿尔文"的指挥。在阿尔文的"肚子里"坐着一个由三人组成的指挥小组。

两个机器人在"阿尔文"的带领下,朝着水深流急的海底潜去。三个机器人都配有摄像装置和传感器,看到什么都能及时地显示在"阿尔文"肚内的电视屏上。"喂!有情况。"坐在电视机前的专家们发现,屏幕上出现了一块块石头一般的东西。这些块状物光滑,而且大小相差无几。这决不是海底固有的石头,是煤!是"泰坦尼克"船上的燃煤!沉船可能就在前方,"阿尔文"开始加速前进。黑暗终于被机器人的大聚光灯冲破了。当"阿尔文"的下潜仪表上显示着"3 428"米的时候,锈迹斑斑、满目创

伤的"泰坦尼克"幽灵般地出现了。

当年,"泰坦尼克"遇难以后,人们根据种种现象推断:船被冰山撞击以后,只是船身被划开了一条长100多米的长口,船因裂口进水整体下沉的。可是,机器人眼前看

■图与文

在这次深海考察中,"阿戈"和"贾森"在"阿尔文"的指挥下,先后共下潜12次,拍摄了54小时的录像节目,有57 000幅画面。这些水下沉船真实镜头,将大大帮助人们揭开"冰海沉船"之谜。

到的"泰坦尼克"的残骸是分身两段,一段是船头,长约90米,已经深深地埋进了泥土里;另一段是船身,长60米。两段间完全分开,而且中间隔着650米的距离。这就说明:"泰坦尼克"船在冰山的猛烈撞击下,致使厚达3厘米的船身断裂而下沉。

"阿尔文"的任务到此完成,剩下的工作该看"阿戈"和"贾森"的了,两个小个机器人立即围着"泰坦尼克"观察起来。

"泰坦尼克"沉没的海底四周,散布着大量船上所用的物品,如餐厅里的电锅、咖啡杯、酒瓶等,一些木制或皮制的转椅,皮箱只剩一个个铁制的框架。

"阿戈"继续在沉船周围观察,"贾森"则接到登上船体的命令。"贾森"开始上浮,当到达沉船甲板高度时,它停止上升,然后,向前登上了甲板。

甲板上的船舱,有的还保持完整,那只巨大的船锚仍然躺在船头。船号上的油漆虽然已经脱落,但"泰坦尼克"的字迹依然可见。一间客舱的门打开着,"贾森"进入里面,摄下了舱内的情况,其中天花板上的吊灯最清晰。正当"贾森"在船舱内忙碌的时候,"阿戈"也拍摄了一些极其珍贵的照片:一个半掩入土的人头骨、一件还可辨认的女式外衣,以及甲板上的铁栏杆、折断的舷梯

智能机器人

智能机器人是以高性能的计算机为核心、由若干智能设备与之配合、融进先进的传感器与人工智能技术，使机器人能像人类一样，具有各类感知和识别功能，最终做出相应的反应，也就是机器人应具有的自治行为。

■仿人机器人

仿人机器人是指模仿人的形态和行为而设计制造的机器人，一般分别或同时具有仿人的四肢和头部。仿人型机器人集机、电、材料、计算机、传感器、控制技术等多门学科于一体，是一个国家高科技实力和发展水平的重要标志，日、美、英等国都在研制仿人形机器人方面做了大量的工作，并已取得突破性的进展。日本本田公司于1997年10月推出了仿人形机器人P3，美国麻省理工学院研制出了仿人形机器人科戈（COG），德国和澳洲共同研制出了装有52个汽缸，身高2米、体重150千克的大型机器人。我国也在这方面作了很多工作，国防科技大学、哈尔滨工业大学研制出了双足步行机器人，北京航空航天大学、哈尔滨工业大学、北京科技大学研制出了多指灵巧手等。

日本的仿人形机器人P3高度为160厘米，体重130千克。通过它的身体的重力感应器和脚底的触觉传感器把地面的状况送回电脑，电脑则根据路面情况作出判断，进而平衡身体，稳定地前后左右行走。它

双足行走机器人"QRIO"

不仅能走平路，还可以走台阶和倾斜的路。它站立稳定，推不倒，脚底不平也能保持身体的直立姿态。

日本本田公司最新推出一种新型智能机器人"阿西莫"（ASIMO）。阿西莫身高120厘米，体重43千克，更适合于家庭操作和自然行走。与P3相比，阿西莫具有体型小、质量轻、动作紧凑轻柔的特点。

日本索尼公司研制开发出会跑的双足行走机器人"QRIO"。索尼公司定义的"跑"的概念是指机器人行走时双足处于离开地面的非接触状态，并不是那种一定要某只脚接触地面像竞走那样的"快步走"。在这之前，世界上还没有可以在不接触地面的状态下行走的机器人。

"QRIO"在行走时可以有约20毫秒的不接触地面的时间。该机器人不仅可以行走，而且可以跳跃，在跳跃状态下不接触地面的时间可达40毫秒。行走速度为每分钟14米。

"QRIO"可以跑的关键在于两项技术。一是将电机和控制电路一体化的调节器"ISA"的转矩提高30%。这便使得"QRIO"可以完成跳跃。另外，此前的ISA也可以通过外力使输出轴旋转，也就是提高了所谓的反向运转性能。这有助于减缓着地时的冲击力。另外一项技术为控制机器人空中姿势的控制算法。此次在此前的用于步行的算法中增加了可即时控制机器人的跳跃方向、在空中时可保持平衡状态的姿势控制等的算法。为了完成上述处理，将内置的64位微处理的处理能力提高2倍。多项先进技术的应用，才促成了"QRIO"的诞生。

或许是因为受到性别相吸原理的启发，或许是由于美女更能吸引路人回头因素，日本大阪大学的石黑浩教授和他的大阪大学研究团队制造出的最完美的仿人机器人是一个机器美女。这个仿人机器人美女叫"ReplieeQ1"。

"ReplieeQ1"意为"复制人一号"，这个机器美女凭着酷似真人的外表，获得了无数人的惊叹。可以说，"复制人一号"是目前世界上拟人程度最高的机器人。

为达到以假乱真的效果，"复制人一号"配备了两件法宝：

第一件法宝是富有弹性的肌肤。"复制人一号"身体的外层以富有弹性的硅胶膜取代了坚硬的塑料壳，让这个美女的皮肤不论在色泽还是触感上均宛若真人，尤其是在相同的光线环境中，很难区分出"她"的皮肤与真人皮肤间的不同。

第二件法宝是躯体内安装的31部促动器。这些灵敏的程控空气压缩机能让她的上半身灵活自如地行动，作出类似人类身体一样的动作，"她"甚至会做出类似呼吸的微妙动作。体内的传感器使"她"在发现有人靠近时，还会做出宛如真人的眨眼和张闭嘴巴等动作。

■图与文

"复制人一号"栩栩如生，其外貌与真人有着惊人的相似。在相同的光线环境中，很难区分出"她"的皮肤与真人皮肤间的不同。在发现有人靠近时，还会做出宛如真人的眨眼和张闭嘴巴等动作。

"复制人一号"的皮肤目前仅仅具有外观真实感，在触觉感知能力上还差得很远，但科学家已经找到如何让机器人拥有与真人皮肤类似的灵敏触觉。

日本东京大学生产技术研究所已在"电子皮肤"的研究上有了实质性进展，该所科学家将两组晶体管嵌入塑料薄膜，一组感觉压力，另一组感觉温度。然后科学家分别为这两组晶体管涂上一层具有感觉作用的感压硅树脂，重叠后制成具有感知压力与温度变化的导电塑料。导电塑料不仅可以用来制造电子人工皮肤，用它制造出来的人造肌肉也可以通过电化学方法进行控制，使之膨胀和收缩。利用这种技术，科学家能制造出类似人类的机器肢体，机器人将可以更加灵活地做出各种复杂的动作。

"复制人一号"并非目前世界上唯一的机器美女，日本可可洛公司和先进传媒公司制造的仿人机器人"Ac-troid"也是个机器美女。这个仿人机器美女是个少女形貌，身高仅为130厘米，体重只有30千克。"她"全身

安装了31个促动器和11个触觉传感器，有拟人的眼球、睫毛、会动的嘴唇和人造肌肉，具备有拟人表情，能听懂4万多个中文、英文、日文和韩文语句，并配备适合于2 000多种答案的面部表情。与"她"相比，"复制人一号"有相对高大的身材，可以容纳更多的元部件，做出更复杂的动作。

与日本现在大名鼎鼎的阿西莫相比，"复制人一号"目前虽然还不能站立和行走，但"她"的拟人程度却是"阿西莫"不能比的。

美国的防人形机器人"科戈"是非常复杂的，它的大脑是由16个摩托罗拉68332芯片构成的，"科戈"的大脑放在与之相邻的室内，通过电缆与之相连。布鲁克斯准备用数字信号处理器取代部分这种芯片，用以完成特殊任务。"科戈"的大脑与人类的大脑一样，能同时处理多项任务。"科戈"的每只眼睛由一台广角照相机和一台窄视野照相机组成。每一台照相机均可以俯仰和旋转。"科戈"首先通过广角照相机观察周围事物，然后再利用窄视野照相机近距离仔细观察事物。"科戈"的头可以像人的头一样前后左右转动。"科戈"的头上装上了麦克风和处理器，可以对声音进行辨别。目前"科戈"的研制工作正在进行中。

我国科学家研制的多指灵巧手有三个手指，每个手指有3个关节，3个手指共9个自由度，微电机放在灵巧手的内部，各关节装有关节角度传感器，指端配有三维力传感器，采用两级分布式计算机实时控制系统。多指灵巧手现在已能灵巧地抓持和操作不同材质、不同形状的物体。它配在机器人手臂上充当灵巧末端执行器可扩大机器人的作业范围，完成复杂的装配、搬运等操作。比如它可以用来抓取鸡蛋，既不会使鸡蛋掉下，也不会捏碎鸡蛋。

就目前已经应用的机器人来看，其运动机理与人类完全不同，它们在其构件的外面，一般没有像人的肌肉和皮肤，即使有外包装，也仅仅起保护或装饰作用。科学家认为，要使机器人真正实行智能化、类人化，采取类似人类骨骼和肌肉那样的新材料是必不可少的。

目前有两类新型材料已经研究出来，并初步试用。一种是功能材料，另一种是"四肢肌肉"(又称人造肌肉)。

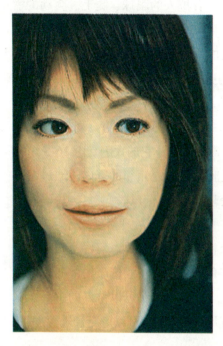

近距离观察也难以看出与人的区别

所谓功能材料，就是通过改变材料的组织成分、内部结构、不同的添加剂以及制造工艺，使之具有某种特殊功能的高分子材料和新型合金。例如，具有记忆功能的记忆合金。功能材料在未来机器人中，作为结构材料，特别是用作传感器的材料，会有很好的应用前景。

所谓"四肢肌肉"，是由一条结实的塑料网和套在里面的橡胶管组成。其工作机理是当管内充入低压压缩空气时，四肢肌肉就会像人类的肌肉那样进行收缩。这种四肢肌肉体积小、重量轻、收缩力大、构造简单，使用方便、柔顺、灵活、安全，易于控制，用这种材料制造机器人，可使之具有人性化。

日本东京大学研究小组，花了15年的时间，研制成一张具有喜、悲、恨、恶、怒、惊6种表情的机器人面孔。这张仿人面孔，是用硅橡胶作面皮，下面有18个活动部件，可以使眉毛、鼻子、眼睛、嘴巴等在计算机的协调指挥下，作相应的动作，十分逼真。

■神经网络控制机器人

智能机器人技术属于智力密集型的高技术范畴，代表着21世纪科学技术一个重要方向。智能机器人是比机械手更进一步的机器人，它在工业、农业、国防等方面具有广阔的应用前景。另一方面，自从20世纪80年代中期以来，世界上掀起了研究神经网络的热潮，形成了神经网络这个新兴的多学科交叉技术领域。把两者结合起来，采用神经网络进行机器人眼手协调控制研究，是目前智能机器人研究领域的前沿课题。我国已经把这项

研究列入国家重点发展的高新技术项目。国防科技大学从1990年起承担这一项国家自然科学基金课题，经过3年的努力，研究成功了我国第一台神经网络控制机器人眼手系统。

所谓眼手系统，就是机器人中具有视觉功能的眼睛和运动功能的手相互协调的系统。机器人控制的传统方法，需要用力学和几何学方法建立严格的运动学和动力学方程，譬如机械手如果有5根杆子、5个关节，这就需要几十个方程来描述它。再加上这些方程是非线性的，即使用很高级的计算机也难做到实施控制，也就是说传统的控制方法已经不能适应机器人发展的需要。

要使得机器人在不确定的环境下完成复杂的任务，就必须具有能学习、能规划、能作出高层决策的功能，这样，就必须突破传统的控制方法。传统的机械手没有视觉功能，是瞎子摸东西，神经网络控制机器人眼手系统采用了神经网络控制方法，具有双目立体视觉，还具有自组织、自学习、自适应的功能。

什么是自组织功能？就是指我们根据人类的运动神经细胞的自组织原理来设计软件，它指令机械手完成某一个具体抓举动作时，并不需要所有的神经元参加，而只要相应的神经元参加。

自学习功能，是指这种机器人的控制方法是通过学习学会的，而不是像普通机器人那样靠解方程，按原设计的程序来完成动作的。

自适应功能就是指机器人具有主动适应环境的能力，而不是限制在原先设定的承受范围内。

下一步要做的工作就是进一步完善神经网络控制机器人的眼手系统，一是要提高速度，主要是加快图像处理的速度。速度一快，系统就可以完成视觉反馈，加快眼手之间的快速协调。第二是要增加传感器，使它增加力的感觉，不仅能抓准目标，而且能抓稳目标。这样，机器人的眼看得更快，手抓得更稳，眼和手之间达到理想的协调，就能担负更快速、更复杂、更精细的工作。传统的机器人只能完成喷漆、焊接等重复性的工作，精度不高。而将来神经网络控制的机器人，可以承担技术精湛的工作，用途广泛。例如，

科学第一视野 KEXUE DIYI SHIYE

它能在川流不息的汽车生产线上，及时拿起一个个零件，装配到恰当的部位上去，并且把一个个螺丝拧紧，可以代替熟练的装配工人。

■ 生物机器人

一场特殊的"队列操练"正在忙中有序地进行着。6个完全相同的机械单元正在完成一个个组合分解动作。它们就像拥有自己的头脑一样，配合得十分默契，一边传递指令，一边思考如何以最佳方案去完成事先输入的队形指令。这是些具有自我修复功能的组合机器人。6个单元最初排成一条直线，接通电源以后，它们马上聚散离合地在写字台上活动起来。每个单元底部的3只万向轮使它们动作非常自如。看上去它们就像一个刚会爬的婴儿，东摇西晃、不紧不慢，但确实朝某一预定目标移动。两三分钟后，它们以正三角形完成了队列操练。腾挪补位如此准确是因为它们在执行同一指令："请排成正三角形。"这就相当于生物学中的遗传基因，每个单元上都载有同样的基因。

人类的肌体受伤后用不了多久就会自行愈合，而壁虎的这种能力比人类更胜一筹，它们的尾巴断掉以后竟会自行再生到原来的长度。组合机器人在队列操练中的腾挪补位就是自我修复的演示。前面6个机械单元有各自的"头脑"（微机）和6只"手"（磁铁）。凸头是电磁铁，叉形的是一对上下分开的永久磁铁。对凸头电磁铁部分的电流作方向切换就造成上下极性的相应变换，在与极性不变的永久磁铁邻接时，两个单元时而被吸引，时而被排斥。利用这一变换过程就可以模拟出自我修复的效果。各机械单元是按"单线联系"建立沟通渠道的，专业上称此为"邻域通

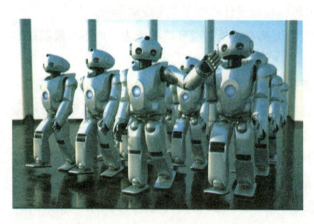

机器人队列

142

信"。各单元均配备微机作为"大脑"来进行信息传递。这部"大脑"中还事先收存有组合机器人最终要排成什么队形的设计图,如前述那样它要起到遗传基因的作用,每个单元携带着同样的遗传基因,它们被编入了同样的程序,不管在哪里发生什么故障都可以随意替换。这些具均质体性质的单元与生物细胞很相似,细胞只要处在同一机体上就携带同样的遗传基因,并遵照"密码"完成机体上某种器官组织的生长发育。因为所有单元都是均质体,也就是说相互间不存在领导与被领导的关系,而且只能进行"邻域通信",达到目标状态之前若出现执行上的错误,纠正起来颇费时间,影响效率。若具备了自我修复功能,这一过程就很容易完成。可是若设置一个"头目",速度固然会提高,一旦这"头目"损坏,就将导致整体瘫痪。

目标形状已经输入后,就要决定如何向这一目标行动,称其为行动策略。在目标已完成的状态下,相邻单元的结合模式和当初自身所处模式的差异越大的单元,活动频度也就越高,差异为零则活动停止,这已形成了一条法则。一个单元对所处现状不满足的程度越高,它的活动趋势越强,甚至左右碰壁、无序而不稳定地反复动作,但是,目标要求的结合模式正是完成于这一过程之中,最终达到满意时全部动作才告结束。

组合机器人遵照这一法则,从最初的直线状态经完全无助地反复动作,排成了目标要求的正三角形,整个过程与其说自我修复不如说自我组装更确切。

在计算机上模拟可以不受数量限制,可以形成庞大的复杂形状,组装级别也相应提高。然而,目前,这种自我修复的模拟还仅限于在两维平面上进行,三维的立体空间的活动机械单元正在开发当中。若三维空间单元的微型硬件能够开发成功,自我修复机器人就会比前面的队形操练更富有现实意义,实现各种应用。例如,人造卫星局部故障的处理,以往只能派人乘航天飞机到空间去实地操作。如果制造卫星的部件全部改用可自我修复的单元,开发一种"自我修复卫星",就没有必要派人专程前往了。不仅卫星,其他很难靠人维护的核电站、海底地下乃至人体内部的故障排除等,都是自我修复技术的用武之地。机器人还可以有更惊人的表演——与

■ 图与文

蜈蚣机器人是多节毫米级机器人，有助于了解灵活性和身体起伏如何提高运动能力，同时确定是否存在最为理想的腿数量，让效率和行走时的稳定性实现最大化。

生物有同样的基因重组功能，在自我修复的基础上，进一步实现自我进化，靠自身力量不断提高智能水平。

1996年，日本一家公司开发出一种蜈蚣机器人，智能水平远远超出人们预料。它的出色表演让人清楚地看到生物进化在机器人身上的成功再现。这种蜈蚣形6腿机器人在行进中遇到障碍时会停下来"沉思"片刻，然后有所顿悟似地突然起动，绕过障碍继续行进。当它停下来陷入"沉思"时，实际上就处在完成"进化"的过程。决定蜈蚣机器人运动模式的是作为遗传基因输入它的微机头脑中的50种控制程序。在试运行时，机器人身上的传感器会如实记录每种程序撞墙等故障的次数，以此为评分依据，从中选出4种最佳程序，再进行优化组合，培养"撞墙转向"能力。下次遇到爬坡一类新的障碍时，它又会重新挑选，组合新的程序直至行动自如。

达尔文在著名的《进化论》中指出，自然淘汰，适者生存导致物种的进化。蜈蚣机器人的研制正是基于这一前提。同前面的组合机器人一样，预先输入的50个控制程序好比它体内的遗传基因，那么后面为了不断适应新环境而进行的基因重组就相当于生物的交配，新程序的产生就好比"基因突变"。要适应不断变化的环境，就必须不断重复"基因重组"、"基因突变"的过程。同时，自身也得以不断"进化"，运动能力不断提高。从这个意义上讲，科学家借助生物进化原理赋予了机器人以生命和智慧。

所谓"基因突变"的过程在另一种机器人——"走迷宫老鼠"身上还有另一种体现。"碰壁"和"撞墙"是行进中的机器人常见障碍之一，如果这类障碍比比皆是，机器人就身陷迷宫这种特殊环境之中了。实际上，

即使我们高等智慧的人面对迷宫有时也会一筹莫展。科学家们以人的大脑为模型，制成一种称为神经网络的学习软件，用来装备"走迷宫老鼠"。起初，"老鼠"总是碰壁，走投无路。经过持续学习，到了一定阶段就会茅塞顿开，聪明地绕开墙壁寻找出路。原来，这种学习软件中插入了它以前没有做过的动作，在不断学习的过程中。按照一定的概率软件自身会发生突变，更新程序，让"老鼠"做出令人耳目一新的动作。

  无论是自我修复还是自我进化，都是生物学原理在机器人中应用的体现，由于在机械上模拟生物进化涉及的各种物质及相关因素十分复杂，因此，人类在这方面的研究成果还很有限。英国科幻小说家阿瑟·克拉克在一篇评论中写道的："智能机器人技术在20世纪根本不现实，也许只有21世纪某个时刻人工智能技术的突破，才会成为机器人时代的标志"。随着其研究的日益深入，智能生物机器人时代终有一天会到来。

第五章
人与机器人的关系

机器人带有"人"字,预示着和万物之灵的人类有着一定的关联。事实上,向着生物人方向研制也一直是研制机器人的努力方向。但鉴于机器人出现以后,和人类发生的种种不和谐的事,人类对研制机器人不免有些担忧和疑虑。随着相关研究的进一步深入,人们的这种顾虑已经基本消失。人和机器人相处其乐融融。

机器人"三原则"

科学技术的进步很可能引发一些人类不希望出现的问题。为了保护人类，早在1940年美国科幻作家阿西莫夫在他的著作《我的机器人》中就提出了"机器人三原则"，阿西莫夫也因此获得"机器人学之父"的桂冠！"机器人三原则"是这样的：

第一，机器人不应伤害人类，或袖手旁观坐视人类受到伤害。

第二，机器人应遵守人类的命令，与第一项违背的命令除外。

第三，机器人应能保护自己，与第一项相抵触者除外。

"机器人三原则"一直是机器人科学家研究开发工作的准则。但是，随着机器人技术的发展，特别是仿人形智能机器人的出现和完善，机器人自身自控能力越来越强，有朝一日，机器人将可能不会听从人类的命令而失控，还有，有趣的是，凡是出现机器人三原则的电影和小说里，机器人几乎都违反了原则规定。其中主要的一点就是机器人对"人类"这个词的定义不明确，或者是更改人类的定义。比如某个极端主义者，像美国3K党奉行白人至上的组织原则，他们利用电脑病毒等手段，把机器人对人类的定义改为："只有白人是人类。"这样，机器人很有可能成为种族屠杀的工具。因此，科学家认为"机器人三原则"不够完善，于是又提出如下两条附加条件：

第一，机器人应装上自杀装置，当机器人危害人类时，应能自动停止。这是一条人防措施。

第二，机器人应装上阻止自己破坏自己的装置，以防机器人擅自自杀。这是一条自保措施。

机器人作为人类的高级发明之一，应该成为人类的极好生活、生产助手，我们也应该抱着欢快的心态，迎接它、了解它、熟悉它、应用它，让它真

正成为人类的好伙伴。真心希望在"三原则"和两个附加条件以及以后更加完善的管理体系下,机器人与人类和谐相处,成为人类最知心的朋友。

2007年4月,日本的经济产业省出台《下一代机器人安全问题指导方针(草案)》,以规范机器人的研究和生产。在这份草案中,未来的机器人将受制于大量繁文缛节,这将使机器人"造反"变成不可能的事情。

日本人颁布的草案借鉴了阿西莫夫机器人"三原则"的精神,其对象更为明显地指向了机器人制造者。比如,第一原则规定"机器人不得伤害人类,或袖手旁观坐视人类受到伤害",草案指出:"人类所处危险的发生概率以及人类所处危险的级别,应该被详细分成不同等级。"这句话还专门被印刷成红色标题文字。

该草案要求,所有的机器人都要配备这样的设备:当它们要帮助或者保护人类的时候,它们必须提前告知人类它们的行为可能对被帮助人造成的伤害,然后让人类来决定机器人的行为。该草案要求所有的机器人制造商都必须遵守这一规定,机器人的中央数据库中必须载有机器人伤害人类的所有事故记录,以便让机器人避免类似事故重演。

在日本出台有关机器人安全的草案之后,韩国产业资源部也推出一部《机器人道德法》,作为机器人制造者和使用者以及机器人本身的道德标准和行为准则,并对机器人产业起到指导作用。该法案的内容包括将道德标准装入计算机程序等,以防止人类虐待机器人或是

科幻作家阿西莫夫

机器人虐待人类。世界其他国家也在进行有关的研究。

机器人是人的好帮手

　　较之以前，目前社会生产力已经极为强大，社会分工也是极为细化，很多产业都已经是流水线作业，有的人每天的工作就是拧同一个部位的一个螺母，或者接一个线头，长时间做一个动作，可导致特异性职业病的发生。因此，人们强烈希望用某种机器来代替自己的工作。机器人就是在这样的背景下产生的。机器人被制造出来后，就被应用于完成那些枯燥、单调、危险的工作。但是，由于机器人的问世，使一部分工人失去了原来的工作，于是有人对机器人产生了敌意，认为机器人剥夺了他们的工作，砸了他们的饭碗。实际上，这种担心是多余的，任何先进的机器设备，都会提高劳动生产率和产品质量，创造出更多的社会财富，也就必然提供更多的就业机会，这已被人类生产发展史所证明。任何新事物的出现都有利有弊，只不过利大于弊，很快就得到了人们的认可。比如汽车的出现，它不仅夺了一部分人力车夫、挑夫的生意，还常常出车祸，给人类生命财产带来威胁。虽然人们都看到了汽车的这些弊端，但它还是成了人们日常生活中必不可少的交通工具。这是为什么？就是因为总体上看，汽车的出现利大于弊。美国是现代工业机器人的发源地，但采用工业机器人最多的国家却不是美国，而是日本。日本之所以能够成为机器人大国，原因是很多的，其中很重要的一条就是当时日本劳动力短缺，政府和企业都希望发展机器人，民众也都欢迎使用机器人。由于使用了机器人，日本也尝到了甜头，它的汽车、电子工业迅速崛起，很快占领了世界市场。从现在世界工业发展的潮流看，发展机器人是一条必由之路。事实已经证明，机器人不但不会砸人的饭碗，反而会创造更多的就业机会。

　　另外，人类对机器人的抵触还来源于人和机器人之间发生的伤害事故。1978年9月6日，日本广岛一家工厂的切割机器人在切钢板时，突然

发生异常，将一名值班工人当作钢板操作，这是世界上发生的首宗机器人杀人事件。1982年5月，日本山梨县阀门加工厂的一个工人，正在调整停工状态的螺纹加工机器人时，机器人突然启动，抱住工人旋转起来，造成了悲剧。1985年苏联发生了一起家喻户晓的智能机器人棋手杀人事件。全苏国际象棋冠军古德柯夫同机器人棋手下棋连胜3局，机器人棋手恼羞成怒，突然向金属棋盘释放强大的电流，在众目睽睽之下将这位国际大师击倒。

这宗不可思议的杀人案，是在一台M2-21超级电脑——机器人与世界级象棋大师的比赛进行到第6天时发生的。当时的媒体报道说，古德柯夫以出神入化的高超棋艺连胜3局，正准备开始第4局的鏖战时，突然触电身亡。

警方立即介入调查。最初怀疑是电脑

■图与文

切割机器人切割能力与传统数控切割机相差无几，大大改变了过去人工或半数字控制的操作过程，使操作更为精细，切割质量大大高于传统技术，同时机器自身重量轻，且不需要固定的安装场地。

短路以致引起漏电，但后来对电脑进行了详细的检查，证实电脑本身完好无损。于是，调查人员得出结论：电脑是输入了赢棋程序的，当它在棋艺上赢不了对手时，便自行改变输往棋盘的电流，设法将对手杀死。

要审讯一部机器吗？这样的事情从未有过，听起来有点儿荒谬。最终，由于科学界对此事的意见不一，加之某些法律程序不够完备，审讯这台超级电脑的事被搁置下来。

后来，经过多年的调查、测试和分析，人们才开始对这宗"电脑杀人案"有了新的认识。

据测试，电脑、电子游戏机以及各种电子电器设备在使用过程中，都会发出各种不同波长和频率的电磁波。这种电磁波充斥在空间，形成了一种被称为"电子雾"的污染源，它看不见、摸不着、闻不到，因而很容易被忽视，但已确确实实出现在人们的生活中，正在构成对人类生存环境的新的威胁。"电子雾"能扰乱周围敏感的电子控制系统，造成各种意外事故，这方面的案例不胜枚举。日本三重县一家游乐场发生意外，一列过山车与另一列过山车相撞，42名乘客受伤，其中一些人伤势严重。据调查分析，罪魁祸首就是来历不明的无线电波。

机器人与人握手

正是基于对大量类似事故的检测分析，加上有关当局的一系列深入调查，终于使搁置数年的上述"电脑杀人案"真相大白：杀人的罪魁祸首，原来就是外来的电磁波！是它干扰了电脑中已经编好的程序，以致动作失误而突然放出强电流，酿成了这场悲剧。

这些机器人伤害事故震惊了世人，人们不免发出了对使用机器人的质疑。我们应该认识到，这些机器人伤人事故既有偶然性又有必然性，因为任何一个新生事物的出现总有其不完善的一面。随着机器人技术的不断发展与进步，这种意外伤人事件越来越少，这一点已经为世人所证明。正是由于机器人安全、可靠地完成了人类交给的各项任务，使人们使用机器人的热情才越来越高。随着社会的进一部分发展，机器人发挥的作用会越来越大。

英国雷丁大学教授凯文·渥维克是控制论领域知名专家，他在《机器的征途》一书中描写了机器人对未来社会的影响。他认为未来50年内机器人将拥有高于人类的智能。机器人在某些方面确实比人类强，比如：速度比人快、力量比人大等，但机器人的综合智能较人类还相去甚远，还没有对人类形成任何威胁。但这是否说明人类永远能控制或战胜自己的创造物

呢？现在还无法得出确切的结论。我们知道，克隆技术的出现，在社会上引起了很大的争议，大多数国家禁止克隆人。对于机器人还没有到这种地步，因为现在的机器人不仅未对我们构成威胁，而且给社会带来了巨大的裨益。随着社会工业化的实现，信息化社会的到来，人类开始进入知识经济的新时代。创新是这个时代的源动力。文化的创新、观念的创新、科技的创新、体制的创新改变着我们的今天，并将改造我们的明天。新旧文化、新旧思想的撞击、竞争，不同学科、不同技术的交叉、渗透，必将迸发出新的精神火花，产生新的发现、发明和物质力量。机器人技术就是在这样的规律和环境中诞生和发展的。科技创新带给社会与人类的利益远远超过它的危险。机器人的发展史已经证明了这一点。机器人的应用领域不断扩大，从工业走向农业、服务业；从产业走进医院、家庭；从陆地潜入水下、飞往空间……人类只要善用机器人，机器人也决不会成为人类的敌对对象，而会和人类和睦相处，成为人类非常重要的好帮手。

棋王与"深蓝"的交战

卡斯帕罗夫是苏联有史以来最为有名的棋手之一，在国际象棋棋坛上占据着非常重要的席位，是世界级的象棋大师。卡斯帕罗夫曾在1999年7月达到2851国际棋联国际等级分。在1985年至2006年间曾23次获得世界排名第一。曾11次取得国际象棋奥斯卡奖。前世界冠军卡尔波夫号称是唯一能与其抗衡的棋手，但在两人交战史上，每次都是卡斯帕罗夫取胜。可是，在1997年，骄傲的卡斯帕罗夫不得不承认自己输了，而战胜他的不是他的同类——人类，而是一台被称作"深蓝"的机器人。

"深蓝"和卡斯帕罗夫曾于1996年交过手，结果卡斯帕罗夫以4∶2战胜了"深蓝"。经过一年多的改进，"深蓝"有了更深的功力，因此又被称为"更深的蓝"。"更深的蓝"与一年前的"深蓝"相比具有了非强的进攻性，在和平的局面下也善于捕捉杀机。

"更深的蓝"重1 270千克，有32个大脑（微处理器），每秒钟可以计算2亿步。"更深的蓝"输入了一百多年来优秀棋手的对局两百多万局。

卡斯帕罗夫与"更深的蓝"的较量，引来了全世界的关注。人们对此次人机大战倾注了巨大的热情，各种新闻媒体都竞相报道和评论此次人机大战，而这显然不只是出于对国际象棋的热爱。这场大赛最终以卡斯帕罗夫的败北而告终。

卡斯帕罗夫输掉这场人机大战在社会上顿时引起了极大的反响，有两种不同的观点：一部分人对此深感悲观，甚至惊恐不安，感到机器人对人类的潜在威胁。另外一些人则只是对这一结果感到不愉快，但不认为有多么严重。因为，比赛的结果不足以说明机器人就战胜了人类，因为机器人的背后是包括美籍华裔谭崇仁、许峰雄等一大批计算机专家。这些专家经过多年的努力，培养出来一个

■图与文

作为国际象棋的代表的卡斯帕罗夫无愧于这一称号，他曾23次获得世界排名第一，11次取得国际象棋奥斯卡奖。

世界超级机器人棋手。电脑的进步表明人类对人脑的思维方式有了更深入的了解。从科学意义上讲，人机大战只是一项科学实验。

我们应一分为二看这个问题，机器人是人类发明制造的一项智能机器，它越先进，越智能，越能说明人类的智能的进步程度。从这个角度讲，人类是当之无愧的机器人的主人。当然，我们在制造使用机器人时，要本着善用的原则。这样人类和机器人的相处才会和谐，才会相得益彰。不要人为地将机器人和人类对立起来。